读客文化

元素周期表趣史

[英]凯瑟琳·哈卡普 著

鲁超 译

浙江科学技术出版社

著作合同登记号 图字：11-2023-070

For Mark Whiting
First published in Great Britain in 2021 by Greenfinch
An imprint of Quercus Editions Ltd
Carmelite House
50 Victoria Embankment
London EC4Y 0DZ
An Hachette UK company
Copyright © 2021 Kathryn Harkup
The moral right of Kathryn Harkup to be identified as the author of this work has been asserted in accordance with the Copyright, Designs and Patents Act, 1988.
All rights reserved. No part of this publication may be reproduced or transmitted in any form or by any means, electronic or mechanical, including photocopy, recording, or any information storage and retrieval system, without permission in writing from the publisher.
Published by arrangement with Quercus Editions Ltd, through The Grayhawk Agency Ltd.
Simplified Chinese edition copyright ©2023 Dook Media Group Limited.

中文版权 © 2023 读客文化股份有限公司
经授权，读客文化股份有限公司拥有本书的中文（简体）版权

图书在版编目（CIP）数据

元素周期表趣史 / (英)凯瑟琳·哈卡普
(Kathryn Harkup) 著；鲁超译. — 杭州：浙江科学技术出版社, 2023.9（2024.3重印）
ISBN 978-7-5739-0787-5

Ⅰ.①元… Ⅱ.①凯… ②鲁… Ⅲ.①化学元素周期表 – 化学史 – 普及读物 Ⅳ.①O6-64

中国国家版本馆CIP数据核字(2023)第146341号

书　　名	元素周期表趣史			
著　　者	［英］凯瑟琳·哈卡普			
译　　者	鲁　超			

出　　版	浙江科学技术出版社	地　　址	杭州市体育场路347号
联系电话	0571-85176593	邮政编码	310006
印　　刷	河北中科印刷科技发展有限公司	发　　行	读客文化股份有限公司

开　　本	880mm×1230mm 1/32	印　　张	7
字　　数	200千字	审 图 号	GS浙(2023) 228号
版　　次	2023年9月第1版	印　　次	2024年3月第4次印刷
书　　号	ISBN 978-7-5739-0787-5	定　　价	39.90元

责任编辑	卢晓梅	责任校对	李亚学	责任美编	金　晖　责任印务　叶文炀
特约编辑	黄麒通	封面设计	朱雪荣	汪文景	

目　录

前　言

　　我们都见过元素周期表。在教室里，墙上除了挂着字母表，也经常出现大幅的元素周期表。前者帮我们构建语言能力，后者则总结了构成我们生命的要素，正是这些元素组成了我们自身和周围的万事万物。

　　元素周期表有很多版本，最常见的版本是一个长长的、矮矮的城堡，两端各有一座塔，每个元素就是城墙上的一块砖。你可能只是瞥了一眼元素周期表，它的形象就印在你的脑海里，挥之不去。元素周期表这一图表的普遍性使其很容易被忽视，但它一个简单的图像就能传递大量的信息，令人惊叹，这值得我们细细品味。

　　对我来说，元素周期表是一张家族照片，一个大家族的各个分支都聚集在这里。所有成员都在，有的内向沉静，有的外向大方；有的比较高冷，有的热情友善；有的行为传统，有的行事古怪。有的成员之间相处融洽，还有的总是喜欢和别人保持距离，更有少数元素只和自己的同伴在一起，其他元素根本不会出现在它们身边。在一个家族里，成员间通常会有共同的生理特征和性格嗜好，元素周期表这个大家族当然也不例外。这张表格里每个成员的特征都存在着微妙的联系，基于这一点，这张精心设计的表格成功地反映了整个家族里不同分支之间存在的复杂亲缘关系。

　　从广义上讲，我们可以把元素分成两大类：金属元素，有三分之二的

元素是金属元素，它们被安置于周期表的左边到中间；非金属元素，大约占整张表格的三分之一，它们位于右上方。

如果我们更加仔细地去看这张周期表的细节，会发现这些元素是按照它们的化学性质被分在了不同的组里。每一列里的近亲都有非常相似的特征，它们都有自己的姓氏：碱土金属、氧族元素、卤素……相邻的族更像是表兄弟或表姐妹，在某些地方相似，但还是更像本族的"亲兄弟"。一般来说，两种元素在周期表上的距离越远，它们之间的差异就越大。

最左边一列是热情洋溢的碱金属，充满活力，寻找伴侣是它们最大的乐趣；最右边的一列，则由安静的、沉默寡言的稀有气体组成，它们宁愿独处。表格的中部像一面低矮扁平的墙体，构成了城堡的主体，其中布满了色彩鲜艳的过渡金属元素。

在城堡主体的下方，有两行元素——镧系元素和锕系元素。它们与其他元素性质迥异，彼此却非常相似，这让研究它们的科学家们不光痛心，还得疾首。

总之，元素周期表是一个复杂而又简单的组织系统，它的精彩之处在于，即使是最不为人熟悉的元素，只要瞥一眼表格，就能发现一些关于它们外貌的线索，以及它将如何与其他元素"互动"的丰富信息。

　　除了家族的相似性，每个元素都有其个性和特征。本书的目的不是去概述元素周期表，而是讲述 52 个元素的故事。有些科学故事会让你感觉到元素的特别，还有些故事会带给我们惊讶的发现。有些元素还不算广为人知，另有一些虽然家喻户晓，但它们也能让人刮目相看，老朋友总有秘密要分享。这是一部兼容并蓄的集子，其中汇聚了各种历史趣闻和对未来科学的畅想。欢迎走进元素的秘密生活，快点跟着我来探索元素的大家族吧！

元素周期表

周期	I A 1								
1	H 氢	II A 2							
2	Li 锂	Be 铍							
3	Na 钠	Mg 镁	III B 3	IV B 4	V B 5	VI B 6	VII B 7	VIII 8	9
4	K 钾	Ca 钙	Sc 钪	Ti 钛	V 钒	Cr 铬	Mn 锰	Fe 铁	Co 钴
5	Rb 铷	Sr 锶	Y 钇	Zr 锆	Nb 铌	Mo 钼	Tc 锝	Ru 钌	Rh 铑
6	Cs 铯	Ba 钡	La~Lu 镧系	Hf 铪	Ta 钽	W 钨	Re 铼	Os 锇	Ir 铱
7	Fr 钫	Ra 镭	Ac~Lr 锕系	Rf 𬬻	Db 𬭊	Sg 𬭳	Bh 𬭛	Hs 𬭶	Mt 鿏

镧系元素	La 镧	Ce 铈	Pr 镨	Nd 钕	Pm 钷	Sm 钐
锕系元素	Ac 锕	Th 钍	Pa 镤	U 铀	Np 镎	Pu 钚

								0
								18
			ⅢA	ⅣA	ⅤA	ⅥA	ⅦA	He
			13	14	15	16	17	氦
			B 硼	C 碳	N 氮	O 氧	F 氟	Ne 氖
IB	ⅡB		Al 铝	Si 硅	P 磷	S 硫	Cl 氯	Ar 氩
10	11	12						
Ni 镍	Cu 铜	Zn 锌	Ga 镓	Ge 锗	As 砷	Se 硒	Br 溴	Kr 氪
Pd 钯	Ag 银	Cd 镉	In 铟	Sn 锡	Sb 锑	Te 碲	I 碘	Xe 氙
Pt 铂	Au 金	Hg 汞	Tl 铊	Pb 铅	Bi 铋	Po 钋	At 砹	Rn 氡
Ds 鿏	Rg 𬬭	Cn 鿔	Nh 鿭	Fl 𫓧	Mc 镆	Lv 鉝	Ts 鿬	Og 鿫

| Eu 铕 | Gd 钆 | Tb 铽 | Dy 镝 | Ho 钬 | Er 铒 | Tm 铥 | Yb 镱 | Lu 镥 |
| Am 镅 | Cm 锔 | Bk 锫 | Cf 锎 | Es 锿 | Fm 镄 | Md 钔 | No 锘 | Lr 铹 |

氢
不合时宜者

　　氢是最原始的元素。它在宇宙大爆炸后不久就诞生了，独一无二。虽然它与元素周期表的第一组和第七组的元素有相似之处，但它实际上并不属于这两组。它就是如此独特，与其他所有元素都不一样，但这不是氢的错，因为它生而如此。

　　原子由质子、电子和中子组成，这三种基本粒子可以说是组成元素的基石，元素的一切都是由它们的数量和比例来定义的，这三种"构件"决定了元素的特性和行为。氢之所以为氢，是因为它的原子核里只有一个带正电的质子，如果质子更多的话，那就不是氢，而是别的元素了。氢原子核外，还有一个带负电的电子绕着它旋转，正负电荷平衡后，整体成为一个中性的原子。

　　第三种基本粒子是中子，它帮助质子将正电荷约束在致密的原子核里。但只含有一个质子的氢并不一定需要中子，在大多数情况下，没有中子它也能运转得很好。这也是氢与其他元素不同的特性之一。

　　如果说质子数赋予一个原子以身份，电子则赋予它化学性质。改变一个原子中的质子数是很难的，需要相当特殊的条件才能发生。而电子则可以很容易地"共享""捐赠""窃取"或"转移"。氢元素只有一个电子，因

氢

非金属材料

H

熔点
-259℃

沸点
-253℃

族　　周期
IA　1

此如何利用这个电子才是最重要的事情。

当氢原子失去它的电子后，只剩下一个微小的、裸露的质子（氢离子，H^+）——一个带正电荷的、小得难以想象的东西。它虽然很小，却很威猛。氢离子（H^+）是酸"咬人"的原因。失去电子牵绊的质子可以附着在其他分子上，改变这些分子的行为。在氢离子（H^+）存在的情况下，很难发生的化学反应也有可能会发生，难溶于水的分子在氢离子（H^+）的帮助下也会溶解在溶液中。

如果氢总是失去电子变成氢离子（H^+），事情就会简单得多。但实际上，它也可以得到一个电子变成氢负离子（H^-）。但氢负离子（H^-）只在氢原子和其他原子共用电子时才发挥作用。氢键是三个原子之间共用的纤细的电子桥，氢原子位于这三个原子的中间。氢键改变了游戏规则，正是它让生命成为可能。氢键使水保持液态，让冰浮于水面。氢键的威力既强大到能让 DNA 双链结合在一起，但又弱到能被轻易分开，我们的生命密码（DNA）信息才可能被读取和复制。

元素周期表的架构是根据各种元素的性质设计的，相似的元素更可能

排在一起。但是氢元素却很难定位，因为它太多才多艺了。它可以得到一个电子，变成带一个负电荷的氢负离子（H⁻），这正是卤素（第七主族）的决定性特征。有些卤素是气体形态，比如氟气、氯气，氢在这一点上和它们很相似，但这种相似之处也就到此为止了。也是因此，在某些不常用的元素周期表上，氢会位于卤素的顶端——当然，它大部分时候都在第一主族（碱金属）上方，或者孤悬于外。

从另一方面来看，氢可以失去一个电子，变成带一个正电荷的离子，这是第一主族（碱金属）的主要特征。虽然表面上看，氢和碱金属一点儿共同点都没有，因为氢是气体，而第一主族都是固态的金属。许多科学家认为，只要施加强大的压力将氢原子挤压到足够紧，氢也会变成"金属"，但到目前为止，地球上还没有人能达到足够的压力[1]。如果氢出现在第一主族的上方，设计者通常会给氢赋予不同的颜色，以示区别，或者干脆留出一些空隙，让它显得非常独特。

总之，氢是一种很难在元素周期表上找到位置的元素，因为它太特立独行了。然而，在已知的宇宙里，大约四分之三的原子都是氢原子。所以，并不是氢与其他元素格格不入，其他元素才是少数派。

---

1 2017年1月26日《科学》杂志报道，一个哈佛大学的研究团队在495吉帕的气压下成功制得固态金属氢，但仍有争议。——译者注（以下注释如无特殊说明，均为译者注）。

氦
孤家寡人

氦是元素周期表的壁花[1]。大多数元素都会相互作用形成化合物，只是元素的活跃度各不相同。但氦与其他任何元素，甚至是其本身都不会发生反应。有些元素在诞生后就会自发衰变成其他元素，以至于它们存在的时间还不足以发生化学反应，但氦从宇宙诞生之日起就存在了，宇宙大爆炸后 30 万年左右，炽热的物质和能量冷却下来，凝结而成的物质中就有氦。即使宇宙给了这么长时间，在数十亿年甚至更长的年代里，这些氦原子仍然形单影只，从未与其他原子生成过化学键[2]。

氦在第八主族——稀有气体元素中居于首位。说它们是"稀有气体"，似乎给了它们一种自命不凡的优越感，但有些名不副实，因为它们并不稀有。它们还有一个名字叫作"惰性气体"，因为它们很不喜欢跟其他元素发生化学反应。但氦并不是真的懒惰，它并不是轻视其他元素，而是因为自己孑然一身就很满足，所以没必要跟其他元素出双入对。

在你的生日气球里，就有大约 99.9998% 的物质是氦。氦原子里有两

---

1 Wallflower，指舞场里无人邀请的孤独者。

2 2017 年，一个多国科研团队成功合成了 Na_2He，相关成果发表于当年的《自然科学》（Nature Chemistry）上。

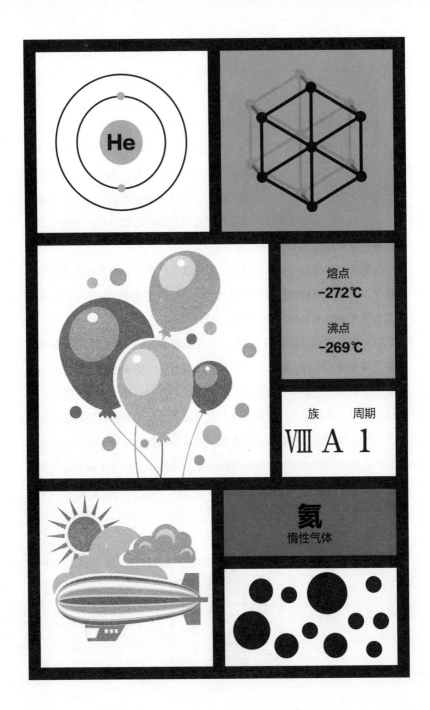

He

熔点
-272℃

沸点
-269℃

族　　周期
Ⅷ A 1

氦
惰性气体

个质子，另外还有两个中子，帮助这两个质子结合起来，形成原子核。核外有两个电子绕核旋转，填满了 s 电子层，这正是氦原子如此"自满"的原因。

所有原子的电子都位于原子核外的电子壳层里，每个电子"坐"在哪里有严格的规定。就像老师引导学生进入礼堂一样，电子从最里面开始填充，首先占据最靠近原子核的壳层，然后向外扩展，在电子开始占据下一个壳层之前，必须把上一个壳层填满，保证没有空隙，但也不能过度填充。一个完美填充的壳层比凌乱或者过度填充的壳层在美学上更加令人愉悦，从化学角度说，叫作"在能量上更稳定"。

壳层未填满的原子会想方设法贡献出多余的电子，或者窃取或共享其他原子的电子，来填补自身壳层里的空隙。这就是化学反应的实质：试图与其他原子成键来实现最稳定的电子排列。

第一壳层离原子核很近，"座位"也是最少的，只能容纳两个电子。氦是二号元素，恰好有两个电子，因此，氦有一个完美的第一层，增加或减少一个电子都会破坏这种完美。需要极大的能量，比如高温或高压，才能将这些电子从舒适的位置挪出来，这可比化学反应所能提供的能量高多了。人们一般认为不存在氦的化合物。它很少与其他原子互动，也就意味着它的存在很难被注意到。氦在地球上非常不活跃，很晚才被人类发现，这并不奇怪。实际上，当有人注视太阳的时候，氦才偶然被发现。

　　1868 年，天文学家皮埃尔·朱尔斯·让森为了观测日食跋涉了半个地球。在印度东部贡土尔（Guntur）的一座信号塔的顶端，他安装了一台分光镜，这台仪器可以将光线的颜色分解成极其精细的彩虹状光谱。这种光谱来自原子中的电子，这些电子吸收了能量，从它们的常规壳层中跳到更高能量的能级，然后再回落到它们原来舒适的位置，同时释放出它们之前吸收的能量，这就是我们眼中五颜六色的光。每个元素的壳层阶梯高度略有不同，所以它们发出的光线也有所不同，最终形成了一个颜色鲜艳的条形码——光谱，每种元素都有其独特的光谱。在让森记录的太阳光谱中，出现了一条亮黄色的光谱，跟当时已知的任何元素都不对应，但他没有在意。

　　几个月后，另一位科学家诺曼·洛克耶也对太阳进行了类似的观察，他没有像让森那样绕道大半个地球，而是在自己的花园里。他观察到同样的亮黄色光谱，却没有已知的元素能够对应。因此，洛克耶宣称太阳上存在一种新元素，并将其命名为氦（helium），以希腊太阳神（helios）的名字命名，他认为这种元素可能不存在于地球上。尽管让森的观察记录可以佐证，但在当时，大多数人都对这个神奇的发现嗤之以鼻——谁听说过外星元素？但到了 1895 年，人们在地球上找到了氦，它被囚禁在一种钇铀矿里，最终被威廉姆·拉姆塞用分光镜发现。

3

Li

锂
镇静剂

1929 年，查尔斯·莱普·格瑞格向全世界介绍了一种新的健康饮料。尽管格瑞格的新饮料有一个不灵光的名字——"Bib-Label 锂盐柠檬－酸橙苏打"，这拗口的名字着实让人费解，而且它还在华尔街崩溃前两周上市[1]，意外的是，它的销量非常好。很快，这个名字就被缩短为"七喜锂盐柠檬苏打水"，到了 1936 年，它就只剩我们熟知的"七喜（7UP）"二字了。

关于这种饮料的名字众说纷纭。一些人认为这是因为七喜的 pH 值是 7，但事实并非如此。还有一种说法，格瑞格的提神饮料配方里有 7 种成分。但也有少数人认为，七喜中有一种重要的成分——锂，而锂的原子量是 7。

格瑞格选择锂是经过深思熟虑的。当时的专利药市场非常火热，他也想在其中占据一席之地，最初他宣传这种饮料对宿醉很有功效，但药效并不理想。在当时，锂盐对健康有益的说法已经被吹捧了几十年。早在 19 世纪晚期，各种温泉小镇都打着"含锂泉水"的噱头如雨后春笋般发展起

---

1 1929 年，美国发生了历史上著名的经济危机，史称"大萧条"。

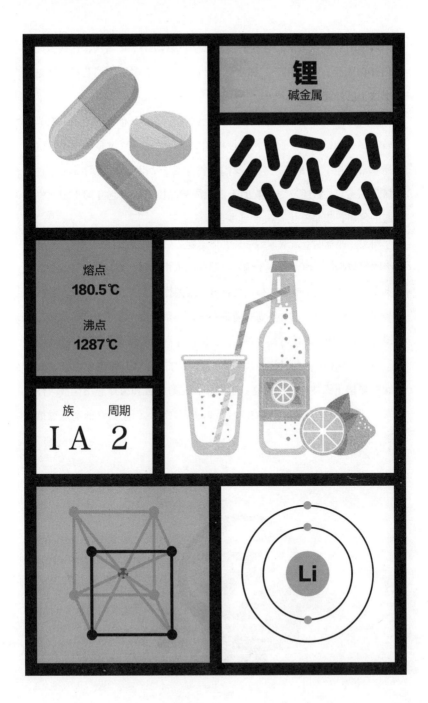

锂
碱金属

熔点
180.5℃

沸点
1287℃

族　周期
ⅠA　2

Li

来。从痴呆症到风湿病，含锂的温泉几乎可以治疗一切疾病，这些传闻让人们蜂拥而至，人们喝下"锂水"，用它洗澡。格瑞格的"七喜"就是想搭上这个已经超载的顺风车。

我们身体中也存在少量的锂，因为锂在环境中分布太广泛了。它是一种碱金属，和钠、钾一样，化学性质相似。科学家发现过量的钠会导致高血压和心脏病，于是医生会给我们开锂盐处方，以代替我们常吃的食盐（氯化钠）。人们还发现锂有助于消除尿酸晶体，所以它有助于消除痛风引起的疼痛，于是医生开出了更多含锂的处方。

确实，锂有助于溶解尿酸晶体，但遗憾的是，如果要溶解痛风患者那种量级的尿酸晶体，所需要吃下的锂盐足够使人中毒了。锂与钠、钾相似，但并不完全相同。钠和钾在人体内发挥着重要的作用，锂和它们的化学性质只有非常微小的差别，但并不意味着锂和它们作用一致。事实上，目前还没发现锂有生物作用，即使有那么一点点，也很容易扰乱和损害身体机能。

到了1948年，人们已经认识到，过多的锂会对人体造成危害，所有的饮料都禁止添加，包括七喜。第二年，锂的销售和医疗应用也被叫停。大家终于认识到，含锂药物的危险是真实存在的，但它潜在的益处也被忽视了。

1949年，澳大利亚精神病学家约翰·凯德开始试验尿酸锂。众所周知，尿酸具有精神活性，但它在水中不易溶解。凯德用锂来制造可溶的尿酸锂，因此可以用作注射剂。他将尿酸锂注射到好动的豚鼠体内，发现它们变得平静。凯德由此发现锂可以抑制躁狂症，并进而将其作为一种镇静剂加以推广。

但锂毕竟有一些副作用，哪怕是少量服用也可能带来致命的后果。其他医学界人士对锂的应用都持谨慎态度，因此对其研究进展缓慢。

锂在很多方面都是一种不寻常的药物。绝大多数药物都是以化合物形式存在，但对于锂药物来说，起作用的就是它本身。只要剂量合适，规范使用，它是一种治疗双相情感障碍、严重抑郁症和精神分裂症的良药。其他的精神药物可以让人亢奋，但锂不会。它可以稳定情绪，但也可能让人产生遗世独立的孤寂感，对一些人而言，超然感的代价实在太大。锂这种东西没有太多医学价值，却对身体和大脑有显著的影响。

锂已被证明有助于神经细胞释放一些化学物质，如血清素和多巴胺。它还可以改变大脑中这些化学物质受体的数量。但这些效应中，哪一种能减少自杀倾向，或者减轻某些精神疾患的痛苦，目前还不得而知。总之，格里格最初的七喜配方或许有助于缓解股市崩盘带来的焦虑，却冒着毒害消费者的风险。

4

Be

铍
太空战舰

铍是珍贵的。纯铍是一种毫不起眼的灰色金属，但这种平凡的外貌遮盖了它的魅力和价值。人们赋予事物价值的原因有很多——美观、实用、稀有。而铍三者皆有，虽然看似平平无奇，但如果我说铍存在于一种宝石之中，你就会觉得它实至名归了。

18 世纪的启蒙运动激发了人们对一切事物永不满足的好奇心。有人仰望星空，寻找宇宙的秘密；有人窥视身体内部，揭示生命的奥秘；还有人研究地球，追寻自然的真相。一些化学家则研究起珍贵的珠宝，这些宝石美丽动人，或许可以从中找到一些奇妙的物质。法国化学家路易·尼古拉斯·沃克兰将注意力转向了绿柱石，它的特点是颜色多样，比如海蓝宝石和祖母绿，都是绿柱石的一种[1]。

1798 年，沃克兰将来自秘鲁的祖母绿研磨成粉末，以寻找其中难以捉摸的诱人成分。他发现其主要成分是普通的二氧化硅，以及普通的氧化铝。摧毁这些珠宝摧毁了它们的经济价值，却揭示了科学真相。他在破坏性实验中除了找到上述的普通物质，还发现化学残留物中隐藏着别

---

1 除此之外，还有红色的红绿柱石、粉色的摩根石、金色的金绿柱石和透明的透绿柱石等。

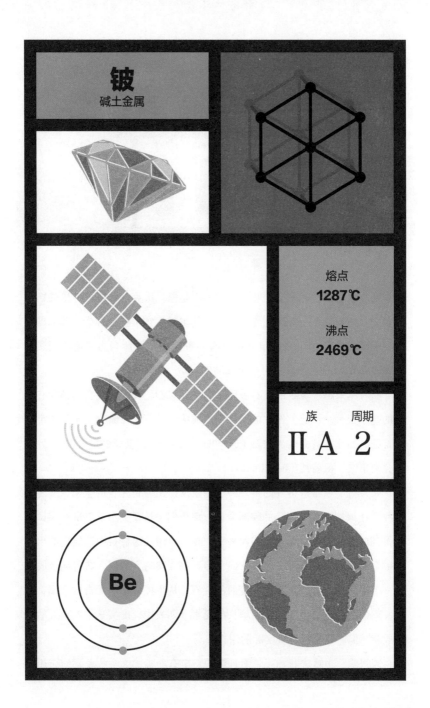

铍
碱土金属

熔点
1287℃

沸点
2469℃

族　周期
ⅡA　2

Be

的东西。这东西尝起来有甜味，但肯定不是糖。沃克兰将这种神秘的物质命名为"葡萄糖"（glucina，氧化铍）。他虽然不知道被他称为"葡萄糖"的究竟是什么，但可以确定其中含有一种金属，他命名为"葡萄糖素"（glucinum），这名字在当时毫无知名度。

随着越来越多贵重的宝石被用来满足好奇心，我们发现它们都含有相同的基本成分。沃克兰发现的甜味物质成为绿柱石类（beryl）矿物和宝石的特征，因此它被命名为铍石（beryllia，氧化铍）。金属铍最终在 1828 年被分离出来，得名铍（beryllium）。

如果科学家希望得到的是一种让珠宝反射出夺目光芒的金属，或者希望找到让绿柱石炫彩非凡的瑰丽金属，那他们恐怕要失望了。最初在试管中得到的几粒铍暗淡无光，相貌平平。我们只能从绿柱石中才能提取出些许铍金属。而绿柱石种类虽多，但大多数都很稀有。所以，获得纯金属铍是一个艰难的过程，打碎这些美丽的宝石，从中提取平平无奇的金属，似乎并不值得。将铍添加到不断增长的元素周期表中，确实是一项重大的科学成就，但它还是得有些实际的用途。

铍很脆，很难进行加工。而且铍的粉尘有剧毒，这意味着它的应用领域很狭窄。但这并没有影响铍投身于鲜为人知的科学领域——铍的强度、耐热性和较低的密度使其非常适合航空航天工业。在沉寂了几十年之后，外表无趣的铍终于在太空中开始了一种探险生活，它能让火箭、卫星和太空望远镜的形态在大温差条件下保持稳定。

许多元素在被发现后不久就被赋予了很高的价值。随着这些元素应用逐渐广泛，开采、提取的方法不断进步，其价格就会下降，地位也会变得平凡。但铍不是，它的稀有性意味着即使在技术进步的情况下，也不太可能投入民用。这种稀缺性来自其固有属性：外表看似强大，却有一颗脆弱的心。

大多数元素是被恒星制造出来的。在恒星内部，极高的温度和压力会迫使原子核聚合在一起。随着越来越多的质子被推入微小的原子核，新的元素就诞生了，比如从氢聚变成氦，等等。但在这些巨大的恒星元素工厂中，有三种元素的原子核寿命很短：锂、铍和硼。它们会很快再与其他原子核碰撞，形成其他元素。人们相信，宇宙中的大部分铍并不是在恒星内部的极端环境下形成的，而是起源于星际尘埃云——宇宙射线在那里粉碎了较重的元素，在原子碎屑中留下了铍。尽管大多数元素都是在恒星加工厂中大规模生产的，但铍几乎都是宇宙深空中的稀有产物。

5

B

硼
火箭专家（并不是）

从前，有两个国家，他们是仇敌。他们没有进行正面对抗，也没有和解。他们爆发了一场科学战争，一场争夺技术优势之战。两个国家都派出特工探听对方的科技进展，试图给己方带来科技优势。一名间谍在观察敌人发射新型火箭时，注意到火箭推进器冒出了奇怪的绿色火焰，他赶紧回报观察到的怪事。

当报告传来，一帮科学家愣愣地盯着元素周期表——绿色的火焰？他们知道每种元素燃烧时会显现特有的颜色。火箭的火焰通常是橙色的，因为推进剂中有含氮、氢和碳的化合物，它们在氧气中燃烧时会发出橙色的光。但是……绿色？什么样的绿色？他们想要获得更详细的信息，但间谍无法提供更多线索。

确实有几种元素燃烧时会发出绿色的火焰，比如铜和钡。那是否表明敌人制造的新型发动机使用了含铜或钡的材料？或者，颜色并非来源于火箭本身，而是燃料呢？

大多数传统燃料都是烃类，由碳和氢组成。这些分子与氧气反应，释放大量能量，并产生我们熟悉的橙黄色火焰。在元素周期表里，碳的旁边是硼。作为邻居，它们在化学性质上有一些相似之处，也有一些不同。和

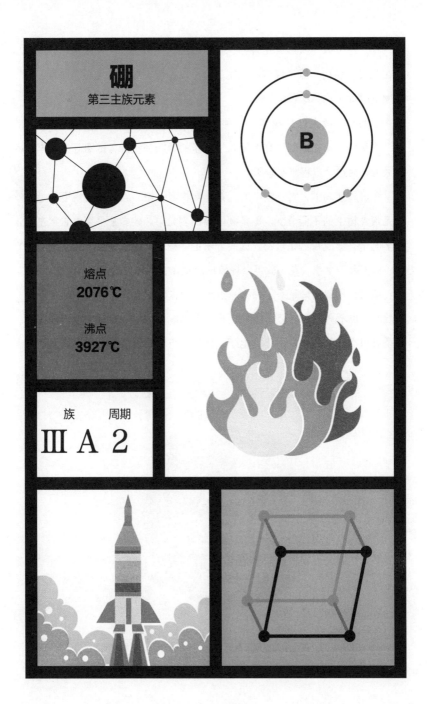

硼
第三主族元素

B

熔点
2076℃

沸点
3927℃

族　　周期
Ⅲ A 2

碳一样，硼可以与氢形成化合物，称为硼烷。它们类似于一般烷烃，也可以在氧气中燃烧，但硼烷反应更剧烈，可以释放出更多的能量。而且，硼烷燃烧时的火焰是绿色的。

很明显，敌人已经找到了一种新的火箭燃料，形成了技术优势。于是，这帮科学家在硼烷研究上投入了大量的时间和资源，试图赶上甚至超越敌人，而这个过程难于登天。

元素周期表中，同一族中的元素非常相似。相邻族的元素则更像是整个元素大树上的不同分支。硼是碳怪异的表兄弟。碳异常平衡，非常愿意分享电子，形成碳氢化合物。这些分子足够稳定，便于储存，但又足够活泼，只需要一个小火花，就可以释放出蕴藏在它们体内的能量。

硼与碳相似，只是差了那么一点点。硼，即使当它与氢原子结合形成硼烷时，也不会拥有一套完整的电子，是缺电子型的[1]，这让它变得暴躁，只要有机会，就想夺取更多的电子，比如，当它靠近氧的时候。氧元素里

---

1 传统教科书上认为，硼烷中的硼原子最外层电子不满8个，为缺电子型。但近年来的研究发现并非如此。

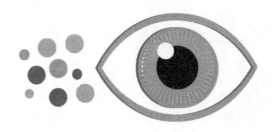

的电子多到诱人，而硼则毫不手软。许多种硼烷一旦暴露在空气中，就会自燃。当你想发射火箭时，这真是极好的燃料！但对那些生产和储存燃料以及为火箭加燃料的工作人员来说，这却很伤脑筋。

烷烃燃烧时会产生水和二氧化碳。诚然，二氧化碳不是环境的朋友，但就发动机和火箭而言，它是完美的，因为它是一种无毒的气体，可以轻易扩散到大气中。硼烷则是有毒的，燃烧时会产生水和三氧化二硼——一种类似于玻璃的固体，会堵塞引擎并损坏喷气发动机的叶片。对火箭科学家来说，硼烷蕴含的巨大能量使其收益似乎远大于其风险，所以大把的时间和资金都被扔进了这个无底洞。后来他们寻找了其他方法，但带来了更多问题。科学家和工程师们逐渐失去耐心：他们的敌人究竟是怎么玩转这种技术的？

走投无路的科学家把那个间谍召回，以便获得更多情报。他们希望间谍提供更多的线索或细节，力图走出这座永无止境的技术迷宫。他们在巨细靡遗的询问后，突然"惊喜"地发现这个间谍原来是个色盲，多年前他看到的火焰其实是橙色的。

6

C

碳
百搭

　　碳是元素周期表上的瑞士军刀，是元素中的达·芬奇，它擅长扮演各种角色，也能够应对各种情况。在化学课上，至少有三分之一的内容是关于这个元素及其化合物的。试图在一个简短的章节中涵盖所有碳的特征是绝对不可能的。但仅仅写下一两个碳元素的知识，可能会显得草率，但无论如何，让我来试一试。

　　碳单质有几种不同的形态。碳原子本身没有发生改变，改变的是它们之间的位置关系。碳原子最常见的两种排列形式是石墨和钻石。虽然它们由完全相同的元素组成，但它们的性质几乎是完全相反的。石墨是克拉克·肯特[1]，而钻石就是超人。

　　钻石的特性是众所周知的。有人唱过关于它的歌，它在电影里担任过主演，在小说中扮演过重要角色。但我们不应该总是相信雪莉夫人[2]或玛丽莲·梦露[3]的话。钻石并不"恒久远"，这些宝石可能会烟消云散。

　　每颗钻石都是坚硬的、不可压缩的碳单晶。钻石中的每个碳原子都与

1　在《超人》系列影片中，克拉克·肯特是超人展现在大众面前的普通人形象。

2　雪莉·贝希，英国历史上最有名的女歌手之一，曾出演过电影《永恒的钻石》。

3　美国著名女艺人，曾演唱过流行歌曲《钻石是女孩最好的朋友》。

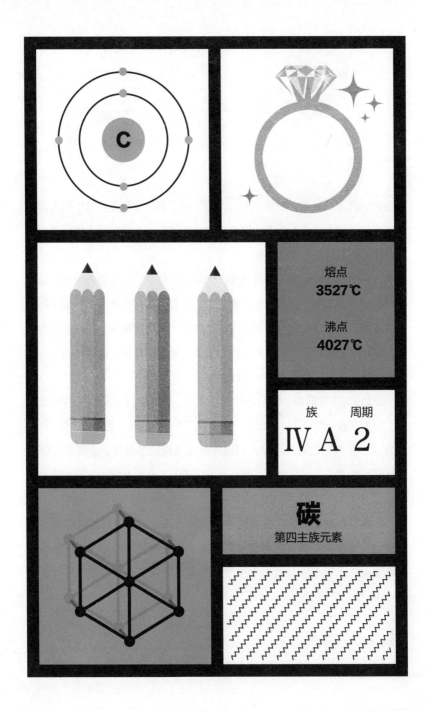

熔点
3527℃

沸点
4027℃

族　　周期
ⅣA 2

碳
第四主族元素

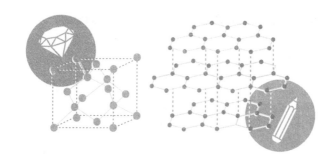

其他四个碳原子成键，形成一个巨大的三维晶格。这种连接原子的方式紧密而牢固，赋予钻石力与美。但是，与乌漆墨黑的石墨相比，象征着永恒和稳定的钻石只是处于亚稳态。

石墨中的每个碳原子只与另外三个碳原子结合，形成层叠的六边形蜂巢结构。每个碳原子形成的化学键更少，但它们比钻石里的化学键更强，这意味着石墨的内在结构更加稳定。这些紧密结合的原子层彼此堆叠在一起，层与层之间只有微弱的分子间作用力，就像一叠纸。这种排列给石墨带来了别具一格、卓越且有用的特性。

公元 1565 年前后，人们在坎布里亚郡[1]的博罗代尔发现了高纯度石墨。石墨在古代叫作 Plumbago，来自拉丁语 plumbum，意思是"铅"，因为它看起来很像铅矿。当时人们用这种石墨块给羊做标记，但很快便意识到它太珍贵了，不能浪费在牲畜身上。于是，他们开始了石墨的开采和贸易。

石墨层与层之间存在很弱的分子间作用力，轻微的摩擦就很容易让它滑动。这就是石墨在博罗代尔的羊身上做记号的原理——轻轻地将一层石墨擦在羊毛上。这就是为什么它被命名为石墨，因为石墨的英文名 Graphite 在希腊语中是"书写石"的意思[2]。

1　位于英格兰西北部。

2　石墨的英语名称 Graphite 来源于希腊文 graphein，意思是"用来写"。

石墨的平滑层状结构意味着它很容易被工具塑形，而且这让它很耐热。石墨内部的强力化学键可以阻止它熔化，即使把熔化的铅倒在上面也不行。因此，英国人开始用石墨来充当炮弹的脱模剂，制造出的弹药更光滑，更圆，可以飞得更远，也更精准，这让英国人在战场上占据了显著的军事优势。

博罗代尔是英国石墨的唯一来源，英国人非常重视。人们设立了岗哨，并制定了法律来保护埋藏在坎布里亚山区的贵重矿石。虽然石墨的价值得到了充分的认可，但这种材料的身份却变得更加神秘了。尽管它外表上看起来像铅矿，但显然不是。

科学家也曾对钻石的构成感到困惑，但它们太坚硬了，所以很难把它们拆分开来进行研究。当然，在当时也没有人认为柔软、漆黑的石墨与坚硬、透明的钻石有相同的成分。直到安托万·拉瓦锡出场——他只用了一个巨大的透镜。

1772 年，拉瓦锡用透镜将太阳光聚焦到一颗钻石上，钻石竟燃烧殆尽，和石墨在高温下的燃烧一模一样。原来钻石和石墨是同一种物质，克拉克·肯特化身超人，在接下来的 25 年中，通过更多的实验，史密森·坦南特[1]终于一锤定音，让科学界相信石墨和钻石是同一个东西，只是披上了不同的伪装。

---

1 英国化学家，铱和锇的发现者。

7

N

氮
肥料

地球上的所有生命都依赖于氮元素。这并不是说氮很难获得：我们吸入的空气里大约有 78% 的氮，只不过没有被我们利用。空气中的氮原子是成对地紧密结合在一起的，它们沉默寡言，对周围的一切都漠不关心。相反，生命却需要氮元素，需要能与碳、氧和氢等其他元素结合的氮元素。能否获得可用的氮，是饥荒遍野和无尽财富之间的差别。19 世纪中叶，一些人甚至为此大打出手。

20 世纪初，化学家找到了拆开氮分子（N_2）中氮原子的工业方法。而此前，所有的生命都依赖大自然来完成这项工作。自然界有两种方法来分解氮分子：一是通过闪电的雷霆之力，二是通过细菌的温和劝说。闪电是偶然的，但它确实能把氮转化成硝酸盐，经雨水渗透进土壤中。一些特殊的细菌可以先将空气中的氮合成氨，再转化为硝酸盐，但这些细菌只存在于某些植物的根部，如三叶草和豌豆。

植物利用土壤中的硝酸盐来制造它们生长所需的含氮化合物。当动物吃掉植物，这些氮元素会沿着食物链传递。生命不断地消耗土壤中可用的氮，死后零落成泥，又将氮还给大自然。这是一个伟大的平衡。

农业干扰了这种平衡。在同一块土地上反复种植和收获，作物会很快

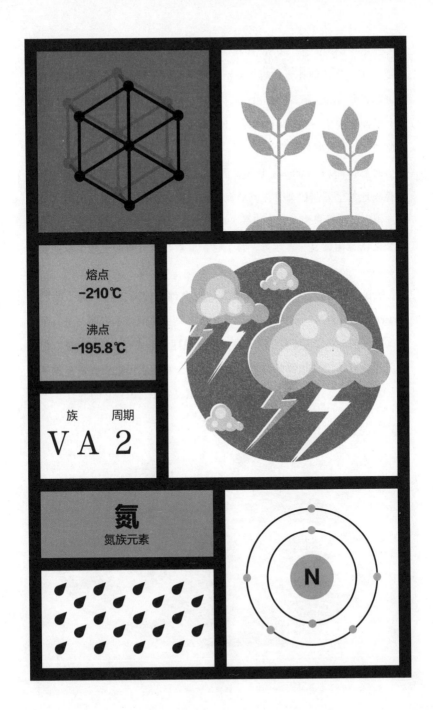

熔点
-210℃

沸点
-195.8℃

族　周期
V A 2

氮
氮族元素

N

耗尽土壤中的硝酸盐。要等待闪电来补充，那也太不切实际了。而固氮菌需要至少一年才能让土地再次复活。而动物吃下的氮元素远远超过自身的需求，多余的会随废物排出，所以动物的粪便可以补充一些流失的氮元素。然而，这是一个"回报递减"的循环，要维持作物产量，就需要额外的肥料，但天然肥料很难获取。

钦查群岛（Chinchas）是秘鲁沿岸的三个小岛，岛上只生活着海鸟。秘鲁当地的土著居民非常崇拜海鸟。他们偶尔会从美洲大陆航行六英里到岛上，采集少量覆盖在花岗岩上的灰白色"华努"（Huanu，土著语）。华努被认为像黄金一样珍贵，有了它，玉米在最贫瘠的土地上也能获得丰收。

殖民者很晚才意识到钦查群岛的重要性。探险家将华努（他们将Huanu称为"瓜努"——Guanu，其实就是鸟粪）的样本带回并进行了研究，发现它含有许多不同的元素，尤其是以尿素形式存在的氮元素，但他们仍然没有认识到华努的价值。直到后来，看到农民把钦查群岛的"华努"撒在田地里，农作物产量显著增加，殖民者才意识到它的潜力。

"华努冲突"打响了。

在19世纪50年代，钦查群岛成为世界上最有价值的土地。几百年来，数十亿只海鸟的排泄物沉积在这些岛上。干燥的气候让含氮化合物不断浓缩。这些不到两平方英里的小岛，被十层楼高的肥料覆盖着。数百名中国劳工被强迫在恶劣的条件下劳作，他们挖出鸟粪，将它们推到悬崖边，倒进帆布滑道，让鸟粪坠入下面的船舱里。大海上还漂着一百多艘船，排着队等待运货。

1863年，西班牙声称对这些宝贵的岛屿拥有主权，以偿还秘鲁在独立战争[1]期间欠下西班牙的债务。秘鲁在智利的支持下向西班牙宣战。这如同导火索一般点燃了一系列的战争，并导致拉丁美洲真正从西班牙的殖民统治中获得独立。战争结束后，鸟粪的繁荣也即将落幕，秘鲁面临财政危机。到了1877年，钦查群岛被剥得只剩下光秃秃的岩石，共计1100万吨的鸟粪被搬运出去。随后农民们开始使用化肥，新的氮源竞赛又开始了。

1　1809—1826年，秘鲁发生了独立战争。

氧
独行侠

氧元素是个激进分子，一个独行侠，一个伺机制造混乱的叛逆者。充足的氧气赋予我们活力，但这是有代价的。作为一种资源，氧气的使用成本不低，需要严格的控制措施以限制它的损害。

氧作为元素周期表中的第 8 号元素，不该因其火爆的脾气而受到非难，这不过是它的构造所决定的。每个氧原子有 6 个电子可以与其他原子里的电子相互作用。两个氧原子可以配对共享它们的电子，形成一个稳定的分子：O_2。这是地球上最常见的氧元素形式，一种无色无味的气体，占空气的 20% 多一点。但这两个原子的结合方式让这个分子很不寻常。围绕在两个氧原子最外围的 12 个电子，有些会两两配对，但每个原子上还会留下一个独立电子。

具有未配对电子的分子称为自由基（radical）。虽然这个名字最初源于拉丁语"radix"，意思是"根"，但在化学理论的演变中，它的意思发生了一些改变，它更现代的定义往往和"不稳定"或"极端"联系在一起。电子讨厌单独存在，它们会想尽办法去寻找伴侣，甚至会从其他分子中诱拐电子。有些自由基相比同类而言还算稳定；有一些碰到别的物质，就迫不及待地与之发生反应；还有些在夺取电子的时候，对夺取的分

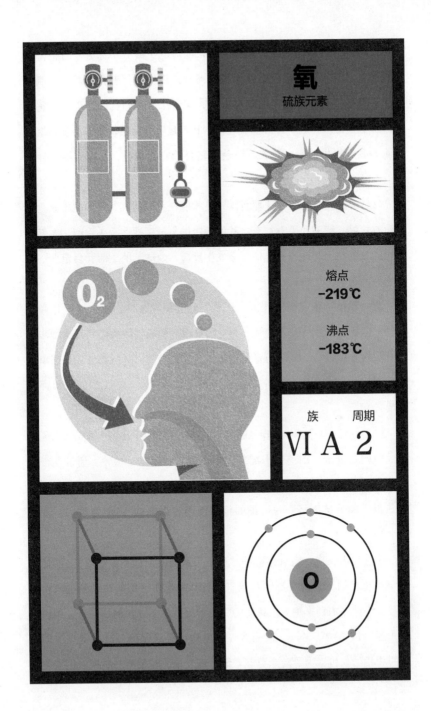

氧

硫族元素

熔点
-219℃

沸点
-183℃

族　　周期
VI A 2

O

子挑三拣四，具有选择性。具有两个未配对电子的分子称为双自由基，它们通常具有很强的反应活性而很难被分离出来进行保存或观察。氧气（O_2）算是一种相对稳定的双自由基，这意味着我们可以安全地被它包围，而不会自燃。但双自由基氧气仍然具有足够的活性，能够与食物结合从而为我们提供能量，与染料和色素结合让它们褪色，与金属结合导致它们生锈。

只有通过光合作用，这种活性元素才能在我们的大气中如此丰富。如果没有植物、细菌和藻类补充供我们呼吸的氧气，那么很久以前，大气中所有的氧气就会与地球上其他元素发生反应，地球上的生命就会走上一条完全不同的演化之路。

动物和植物依靠呼吸作用，让氧气和葡萄糖在体内发生反应并释放能量。但物极必反——大量氧气通过肺被吸入体内，如果任其自由漫步，会造成极大的破坏。氧气需要被引导到特定的位置——线粒体，在那里，一系列酶控制着复杂的化学反应，管理着氧气，让它的化学能量缓慢地释放。

护送氧气小心翼翼地进入线粒体，这个过程非常重要。对氧气来说，最危险的是分子里的一个未配对电子得到了一个电子伙伴。通过获得一个多余的电子，氧变成了"超氧化物"——字面意思就是"虽然还是氧，但获得了额外的能量"——正如很多漫画告诉你的，"能力越大，责任越大"。

通过与水反应，超氧化物可以产生一系列的活性氧（ROS）。活性氧是至关重要的，它们对身体有着非常特殊的作用，比如在细胞之间传递信号，保持体内环境稳定。我们的免疫系统产生了大量的活性氧，用以摧毁入侵的微生物。另外，依赖氧气的生物也必须保护自己不受自身创造出的物质的伤害，为了防止免疫系统过度反应，需要相互制衡。用来破坏细菌的超氧化物可不能破坏身体需要的东西。活性氧的高反应性会破坏脂肪、蛋白质、细胞膜甚至 DNA，所以酶必须在体内巡逻，消灭掉失控的活性氧，并修复受损的生物分子。总之，依赖这种活性分子提供能量对我们来说是一把双刃剑。

F

氟
大毁灭者

氟是一种非常可怕的元素。就像漫画里的超级大反派，它似乎一心要摧毁一切。它是一个非常危险的恶棍，当它被抓住时，必须被关在一个特殊的监狱里，以约束它超群的破坏性。

像许多超级反派一样，氟的暴力行为是由"贪婪"驱动的。幸运的是，这个元素并不想统治世界，或让全人类毁灭。氟原子所渴望的是电子，每个氟原子只需要获得一个电子，就可以填满它的最外层。这小小的要求可能并不过分，但氟为达目的而大动干戈的场面可能会非常壮观，为如此微小的要求而大动干戈非常不值得。在面对氟的时候，我劝你最好乖乖地交货，别跟它争论。

所有化学反应的驱动力都来自原子对拥有一套完整电子壳层的渴望，或者至少在最外层有一组排列整齐的电子。氟原子的最外层已经有了 7 个电子，只差 1 个就能形成 8 个电子的完美结构。氟元素家族中的所有元素，也就是卤素，都喜欢获取额外的电子，但其他卤素没有氟那样超强的攻击性和破坏性。这与氟的身材有很大关系。

与其他卤素原子相比，氟原子非常小。相对来说，氟元素最外层的电子更加靠近带正电的原子核。这会使外来的电子更加容易被吸引到最外

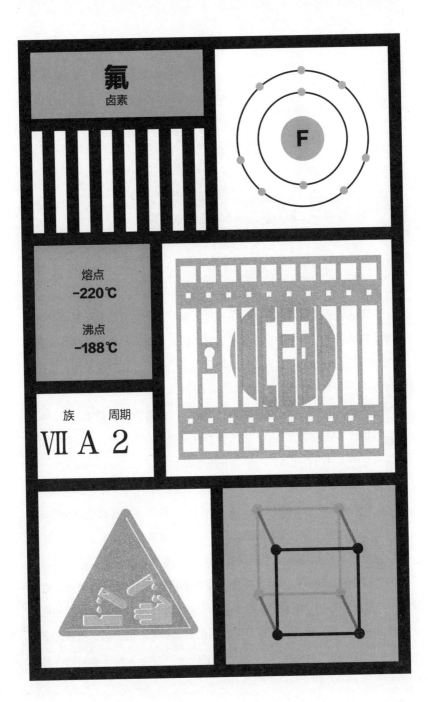

氟
卤素

F

熔点
−220℃

沸点
−188℃

族　　周期
VⅡ A　2

层，并被牢牢地抓住。

在无法轻易获得额外电子的情况下，氟原子会与自己发生反应。两个氟原子彼此共享一个电子，这样它们就可以自欺欺人地说各自都有一套完整的电子层。由于是同卵双胞胎，两个氟原子都不存在力量差别，也没有任何外力，电子不会偏向于任何一方。但由于它是元素周期表中最贪得无厌的元素，很少有其他元素能抵御氟的贪欲。如果周围有其他元素，氟原子会很快放弃它的孪生兄弟，去掠夺其他元素的电子。所以说，氟非常非常活泼，你在自然界中永远不会发现纯态的氟。

19世纪，科学家推测某些矿石可能含有一种从未被发现的元素。在元素周期表中，卤素家族中也存在一个缺口，科学家很容易想到，萤石中可能就含有这种缺失的元素。他们还猜测，这种缺失的元素会非常活跃。那些试图提取纯氟的科学家很快就领略到了这一点——它实在是太活跃了，会把皮肤、玻璃和大多数金属"嚼"得粉碎，仅仅因为它喜欢以电子为食。为氟建造的"监狱"本身也必须是氟元素的化合物，这样才能抵抗其强大的腐蚀性。因此，虽然有多次抓捕氟元素的英勇尝试，然而几十年过去了，氟依然"逍遥法外"。尽管19世纪的科学家采取了他们认为必要的一切防护措施，但他们中的很多人还是被氟的力量击倒了——有的因氟中毒而卧床不起，有的因氟爆炸而失明，还有的付出了生命。他们被称为"氟烈士"。

直到1886年6月26日，也就是第一次失败尝试的74年后，法国化学家亨利·莫瓦桑成为第一个分离出氟的人。莫瓦桑制造了专门的设备——带有萤石窗的铂材质容器，并最终观察到了淡黄色的纯净氟气。如今，大多数情况下我们都不会使用纯氟，甚至没有人愿意储存它。如果一个化学反应必须使用氟气，我们一般随制随用。

幸运的是，一旦氟得到了它想要的，它就非常满足。通过直接窃取或与另一种元素共享电子而填满最外电子层的氟，会突然变得非常老实。得到额外电子的氟元素形成了氟化物，它非常安全，你甚至可以将它涂在牙齿上来预防龋齿。氟和碳之间可以通过共享电子形成稳定的化学键，得到的氟碳化合物可以涂在不粘锅上，也可以作为手术室的麻醉剂。

氖
霓虹灯

元素被发现的方式多种多样，以前，新元素的发现往往是通过其独有的特征，例如，一块沉重的金属或试管中发生的意外反应。氖是一种稀有的、不活泼的气体，直到1898年才被人们发现，它的亮相伴随着一场隆重的揭幕仪式。

虽然有些元素是偶然发现的，但也有许多元素是我们主动寻得的。在19世纪晚期，科学家们利用元素在受热时发出的独特光谱来识别元素，并寻找新的元素。一份样品、一台分光镜和一个用于对照的光谱数据库就足够了。如果在分光镜里出现一个在任何已知元素的光谱中都没有出现过的细小色带，就足以让寻找元素的"猎人"心跳加速。

1895年，威廉·拉姆齐爵士和莫里斯·W.特拉弗斯正在分离空气中的成分。每种成分，无论是单质还是化合物，都有其独特的熔沸点。因此，将空气凝结成液体和固体后，再慢慢提高温度，让每一种成分分别沸腾、蒸发。每当分离出一种气体时，他们就会用电激发气体，然后通过分光镜观察气体发出的光，以寻找新的色带。

他们的辛苦得到了回报。拉姆齐和特拉弗斯分离出了不止一种元素，而是整整一类元素——惰性气体。首先是氩（意为"惰性的"），然后是

Ne

熔点
-249℃

沸点
-246℃

族　　周期
VIII A 2

Neon

氖
惰性气体

氪（意为"隐藏的"）。又过了好几个小时，拉姆齐和特拉弗斯一遍又一遍地分馏空气，收集到的气体馏分越来越少。最后一轮提纯出的气体勉强够分析，他们让电流通过气体。这一次，还没等他们伸手去拿分光镜，就看到存放气体的管子里发出明亮的红光。拉姆齐和特拉弗斯被强光吓得一时说不出话来。这种气体发出的光芒是如此与众不同，他们决定将这种元素命名为氖（neon），取自希腊语"neos"，意为"新的"。

与其他惰性气体一样，氖原子核周围的电子排列非常完美，这意味着它无意与其他原子共享或交换电子并形成化合物。和它的姐妹元素氦一样，氖可能在其存在的时间里从未形成过化学键。从氖原子中剥去电子所需的能量超过了化学键所能提供的能量。但是，给氖原子去除电子的方法可不止一种。

通过降低压力，并施加几千伏特的电压，一些电子会脱离氖原子。当带负电荷的电子挣脱出来后，留下了带正电荷的氖离子。另一些电子被带正电的氖离子吸引，它们重新结合，并以可见光的形式释放出能量。如果

电压一直存在，电子与原子就会被反复拉开、重组——这就是拉姆齐和特拉弗斯在实验室里首次看到的耀眼的红光。

由漂浮在负电子海洋中的带正电的氖离子组成的物质与传统的物质状态——固体、液体或气体——都不相同。这让科学家欧文·朗缪尔想起了红细胞和白细胞在血液里流动的情形，因此，1928年，他将这种新的物质状态命名为"等离子体"（源于血浆"plasma"）。这种新的物质状态引领了从荧光灯到平板电视等多项技术进步。

在20世纪的大部分时间里，霓虹灯的红色光芒象征着现代。装有氖气的玻璃管可以弯曲和扭转成各种夸张的形状。不管在加州耀眼的阳光下还是在伦敦的浓雾中，都能看到霓虹灯那鲜艳的色彩。只要按一下开关，就能得到这样的璀璨，这对广告业来说是完美的。

1913年，第一个霓虹灯广告牌在法国巴黎的香榭丽舍大道上闪亮登场。十年后，它们开始在美国各地出现。很快，它们就无处不在，成为那个时代傲慢颓废和享乐主义的缩影。后来，就在霓虹灯不再流行的时候，氖又找到了一种新的应用。1960年，第一束可见的激光束照射到月球上，这束红色的激光就来自氖。

Na

钠
低调的伙伴

　　元素周期表中，钠是吃苦耐劳、坚实可靠的元素。它几乎无所不在，从体内的神经到核反应堆。它看起来平平无奇，却能适应并出色扮演很多不同的角色，而且还非常自然，这足以让它闻名天下。钠的特殊才能就是在不引人注目的情况下几乎无处不在。它参与了许多重要的过程，但很少站上中心舞台——就像相声里的捧哏，很少直接传递笑点，却是抖包袱的必要条件。

　　钠总是满怀热情地与其他元素通力合作，这是它的优点。以烘焙蛋糕为例，将小苏打（碳酸氢钠）添加到海绵蛋糕里。在烘烤过程中，微小的气泡从碳酸盐部分释放出来。在这个过程中，钠只是提供了一种将制造气泡的成分引入混合物的便利方式。这要归功于钠盐，碳酸氢钠是一种钠盐，你撒在薯条上的食盐也是。

　　钠的每个原子都渴望失去最外层的一个电子，这样它最外层就留下了一套完整的电子层。少了一个电子，钠就变成了带正电的钠离子（Na^+）。它所释放出的电子也不会四处闲逛、无人问津，总有大量的其他元素愿意抢占它多余的电子来填补它们自己外层的空隙。氯就是这样一种元素，它利用钠不需要的电子形成氯离子（Cl^-）。正负电荷的吸引使钠离子和氯离

钠

碱金属

熔点
98℃

沸点
883℃

族　　周期
I A 3

Na

子在晶体中结合在一起，这种晶格就像一个巨大的、规则的三维网格里不断循环交替的砖块。食盐就是这样构成的。

有一点经常令人困惑，"盐"这个词也指任何具有明显的正负离子成分的分子。盐，尤其是钠盐，其特性在我们的日常生活中非常有意义。首先，它们是固体，便于储存，还易溶于水，让正电荷和负电荷均匀分布在水里。食盐是我们用来调味或保存食物的物质。钠离子和氯离子在我们体内被分离开来，各自发挥作用。在钠离子这半边，它会与钾离子形成另一种伙伴关系，这是一个非常重要的双重作用，让我们活力满满。

钠和钾在元素周期表里来自同一家族——碱金属。它们虽是兄弟元素，却也存在一定的差异，正是这种差异对于人体来说特别重要。它们在神经细胞内外跳着协调的舞蹈，产生电脉冲，发送信号并在全身传递信息，使我们的身体机能保持平稳。

包围着神经细胞的细胞膜上存在着一系列的通道，只允许特定的元素和分子进出。钾离子有钾离子通道，钠离子有钠离子通道。两者之间存在着细微差别，这样可以防止元素"误入歧途"。当钾离子进入细胞内时，钠离子在通道关闭之前被推出细胞外。这种化学分离使细胞内部略带负电，外部略带正电，就像电池的正负极一样[1]。

当通道打开时，钠离子涌入细胞，钾离子逸出细胞，产生的电脉冲在整个神经细胞内传导，就像"墨西哥人浪"[2]一样。如果我们的饮食中没有足够的钠，情况就会非常不妙，好在我们的大脑会引导我们，让我们追寻有咸味的食物，以确保身体得到足够的钠元素。

虽然钠盐在我们日常生活中很常见，但钠作为单质却不太为人所知。这是因为它直到1807年才被发现，人们才得见其真身。钠很少进行独奏演出，它更喜欢与其他元素合作，自己身居幕后，而让别人位于聚光灯下。例如，在核反应堆内部，放射性元素发生核裂变，释放出大量的热量。金属钠充当反应堆堆芯和水之间的导热介质，让水沸腾后驱动发电机，为我们提供电力。钠的重量轻，熔点低，导热能力强，非常适合这项任务。和往常一样，它仍默默做着重要但不引人注目的事情。钠甘于平凡，它的这种平凡是世界运转的动力。

---

1 钠钾泵将3个钠离子移出，并移入2个钾离子，因此总共从细胞内去除了一个正电荷。

2 1986年墨西哥世界杯上，观众们依次站起，在整个观众席上制造"人浪"的效果，这后来被称为 Mexican wave，即"墨西哥人浪"。

镁
绿色之友

　　最初，地球是一个贫瘠而毫无生机的地方。从怪石嶙峋的荒芜之地变成今天郁郁葱葱的绿色家园，这一切都要归功于叶绿素。这种以镁为中心的分子促进了地球的转变，镁元素更是我们周围各种生命的助产士。

　　所有的生物都需要能量，生物通过一系列必要的化学反应产生能量，使生命活动成为可能。单细胞生物可以在相当微薄的给养下生存。生命也可以利用大量的外来化合物和元素来产生能量。但是，如果你想要比细菌或藻类生活得更精彩，那就需要氧气，持续不断的氧气。

　　氧很容易与其他元素发生反应，并在这个过程中释放大量的能量。一旦反应，氧就变得安分守己。只有把它拽出，远离它的化学伙伴，才能再次发生反应。当生命第一次出现在这个星球上时，所有的氧都被锁在化合物中。在这之前，氧不过是做了自己最擅长的事情——与金属、碳和岩石发生反应，构成了地球本体。水里也有大量的氧元素，但当时的早期生物想要把氧从水分子中撬出，难于登天。

　　遥远的过去，漫漫的长夜，在某个时刻，一个单细胞生物制造出了一种亮绿色的化合物。它不仅改变了自己的生活，还改变了所有生命的命运。这种叫叶绿素的化合物使植物、藻类和一些细菌能够利用太阳的能量

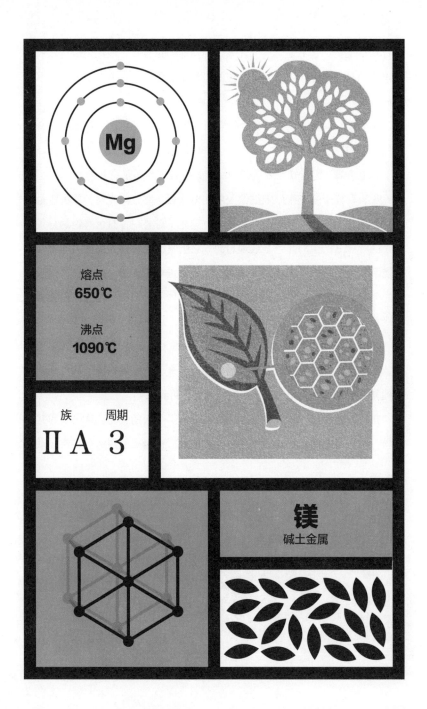

Mg

熔点
650℃

沸点
1090℃

族　　周期
ⅡA　3

镁
碱土金属

进行化学反应。它不是第一个具有这种功能的化合物，但却是最有效的。最重要的是，光合作用不同于其他的光捕集过程——它可以通过分解水来释放氧气。

叶绿素是由碳、氢、氮和少数氧原子精心排列而成的。但如果没有一个镁原子在它的中心，它只不过是一个比较木讷的分子。演化历程已经尝试了其他金属，但以镁为基础的叶绿素系统被证明是最有效的。

叶绿素分子的工作原理很像太阳能电池板，它收集光能，并将能量输送到光合作用的化学反应中。要吸收可见光，需要一种颜色鲜艳的分子。含镁的叶绿素产生的绿色是最理想的，它吸收红光和蓝光的能力非常强。在能源利用的最大化和稳定性之间，叶绿素进行了妥协。如果它选择吸收绿光，确实可以获得更多的能量，但如果头顶阴云密布，光合作用就会受到严重干扰。

叶绿素出现后，地球生命的发展就一往无前。地球上的氧气越来越多，那些对氧有耐受性的需氧型生命兴盛起来。叶绿素扫清了从单细胞生命到复杂生命的进化障碍：从植物到恐龙，再到我们。

在数百万年间，数以亿计次的演化造就了今天的我们，这段旅程并不轻松。我们现在的氧气浓度不是一天形成的，在历史上经历过多次波动。

氧气被固定，再通过光合作用被释放出来，如此持续的循环让世界充满生机。

演化将我们与叶绿素紧密相连。人类非常依赖这种分子，这表现在许多方面。我们需要叶绿素提供的氧气，还有它含有的镁元素。在我们体内，镁维持着我们的骨骼结构；它还参与构建蛋白质的结构，参与 DNA 的复制，以及许多其他基本生理活动，维系我们的生命与健康。我们体内所有的镁归根到底都来自叶绿素，来自绿色植物。

虽然我们可能没有意识到，但我们已经进化出欣赏叶绿素的能力。我们眼中的世界比它实际上更绿。一遇到绿色的环境，我们的眼睛就特别善于强化这种绿色的感受。我们也会对绿色的消失特别留意。夏季快要逝去的时候，白昼变短，用来进行光合作用的光线也变少了。很多植物分解叶绿素，为冬天做储备。镁原子从叶绿素分子的中心位置被移走，绿色消失了。这时户外的旅人们会惊叹于此时的美景，树叶褪去绿色之后，其他颜色显露出来，而正是它们在整个夏季忙碌地帮叶绿素吸收最佳的光线。没有了镁元素，秋天只剩下了一片黄色、红色和橙色。

Al

铝
轻量化

在这位皇帝的宴会上坐着的客人一定会有些忐忑。象征财富和权力的黄金餐具不见了，取而代之的是一套看起来很粗糙的银色餐具。这种餐具没有黄金和白银的沉重感，更糟的是，它会让食物变味。这是精心设计的玩笑吗？皇帝告诉他的客人，他们应该为使用这种奇怪的餐具而感到荣幸，因为它们是由一种比黄金还珍贵的稀有金属制成的。既然皇帝都这么说了，大家也都信以为真。

法国皇帝拿破仑三世确实在他的桌子上放了铝餐具，给他尊敬的客人留下深刻印象。这并不是一种欺骗皇帝或客人的恶作剧。在19世纪中期，铝是个新鲜玩意儿，而且确实比黄金更贵。用它做餐具的确可以烘托出无上的尊贵，尽管它的用餐体验有点令人失望。

明矾（Alum）源自拉丁语 alumen，意思是"苦的"。早在几千年前人们就知道明矾，用它给纺织品固色。约16世纪，人们猜测明矾是一种由金属和非金属组成的盐。到了18世纪中期，科学家齐心协力，试图将铝从明矾和类似的盐中分离出来。但问题在于铝的高反应活性，它极不愿意离开它的非金属伙伴。

80年后，汉斯·克里斯蒂安·奥斯特和弗里德里希·维勒通过各自独

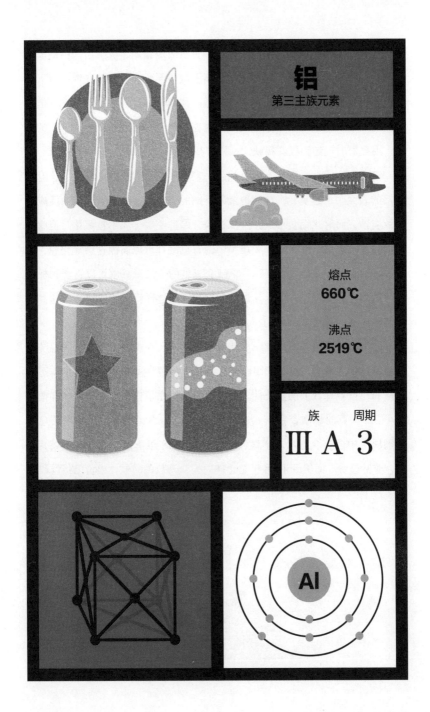

铝

第三主族元素

熔点
660℃

沸点
2519℃

族　周期
ⅢA 3

Al

立的工作，取得了成功。他们用另一种更活泼的金属，吸引出盐中的非金属成分，将铝分离出来。这种化学分离手段很不可靠，经常在铝中留下杂质。获得足够的活泼金属也是一个挑战。钾和钠的反应性是足够了，但要得到纯的钾或钠就需要电解法制取，这在当时是一种成本高、效率低的方法。因此那时的纯铝极其稀缺，价格居高不下。

铝的反应活性既有优点也有缺点。它对氧有着特殊的亲和性，这意味着铝的表面会迅速氧化。与其他金属不同的是，大多数金属与氧的反应会导致腐蚀，而氧化铝会形成一层保护膜，保护底层金属不被氧化。但这层保护膜并不完美，许多水果和蔬菜中的有机酸都可以腐蚀这层氧化膜，攻击下层的金属，并让食物变味。拿破仑三世的金制餐具本可以将食物保持原味送到客人的口中，以保证最好的口感，但这样就无法像铝那样达到令人印象深刻的效果了。

这位法国皇帝并不是唯一如此重视铝的人。在美国，当为开国总统华盛顿设计纪念碑时，设计师想在纪念碑顶上放置一些东西，来显示美国的财富和在世界舞台上的重要性。最后他们选择在华盛顿纪念碑的顶部摆放一个2.7千克的铝制金字塔。这个22厘米高的小尖塔还在一场蒂芙尼的特别展览中向公众展示。华盛顿纪念碑在1848年奠基，在当时铝极其稀有，非常昂贵。而等到1888年纪念碑向大众开放的时候，铝价已经暴跌。

铝价下跌的原因是工业化。在 19 世纪 80 年代，人们发明了电解铝——通过电解的方法从铝土矿中提取铝，纯铝的大规模生产得以实现。这种重量轻但坚固的金属是飞机、火车和汽车的理想材料。两次世界大战使铝的需求一飞冲天，到 1945 年二战结束时，所有的军事基础工业都可以生产大量的铝，它需要转化成更多的商业应用。很快，从玩具到煎锅，铝出现在你所能见到的一切东西上。

在不到百年的时间里，铝已经飞入寻常百姓家。如今每个人都买得起像拿破仑三世那样的餐具，但没人这样做——铝制钝刀和会让食物变味的铝勺只适合开玩笑。

硅

混血儿

如果说有一种元素适合科幻小说，那就是硅。它简直就是介于天然和人工、生物和电子之间的奇怪混合体，自带各种奇妙结构和古怪行为。科幻作家推测不寻常的生命形式的时候，经常会提到它。

硅在元素周期表中的位置暗示了它强烈的特性反差。它位于两种完全不同的元素的交界处。一边的元素与无处不在的有机生命联系在一起，另一边的元素则是由人类操纵并融入人工技术世界中。硅在这两个阵营都有一席之地，它具有生物学上的作用，也开启了我们所构建的数字世界。

碳元素在生命体内发挥着惊人的生物学功能，硅与它化学上的兄弟——碳有相似之处，这表明硅将是碳的理想替代品。硅存在于我们的体内，尤其是在头发、骨骼和胶原蛋白中，但它是不是必需的，以及每天的最佳摄入量应该是多少，都很难确定。硅在我们的世界中是如此丰富，远远超过碳，可为什么在我们的食物中却如此匮乏呢？这很难研究出什么门道。但这也抛出了一个问题，既然硅如此丰富，化学成分又与碳如此相似，为什么它没有在生命中发挥更大的作用？

相比于硅，碳有其优势。从两个原子到成千上万个原子，通过无穷无尽的排列组合，碳可以形成的分子结构数目超越你的想象。硅也可以形成

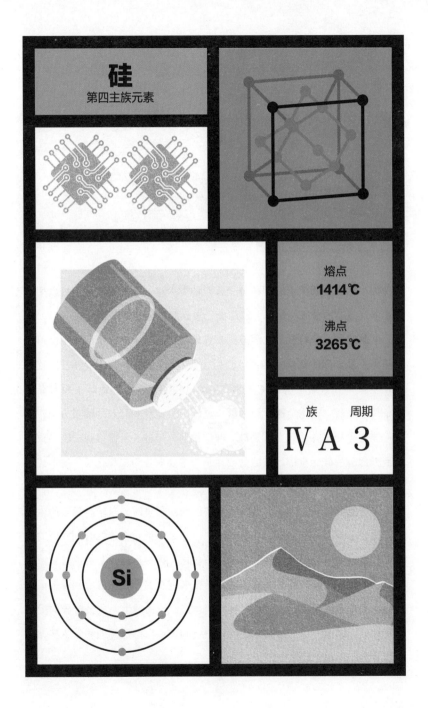

硅

第四主族元素

熔点
1414℃

沸点
3265℃

族　　周期
Ⅳ A　3

Si

各种大小的在生物学上有用的分子，但种类少得多。如果说我们可以用碳元素演奏复杂的分子交响乐，那用硅元素只能弹出简单的钢琴曲。

生命的另一个要素是化学键比较容易被打破和重建，从而使生命得以生长和发展。碳的化学键强度"恰到好处"，这使得各种含碳分子比较容易发生重排或重组，这种灵活性使生命过程能够在我们地球上相对温和的条件下进行。在化学键断裂和形成过程中所储存和释放的能量方面，硅远不能与碳相提并论。尤其是硅 – 硅键很弱，但硅 – 氧键很强，这导致地球上大部分的硅元素都以硅酸盐或沙子（主要成分为二氧化硅）的形式存在着。

你可能会认为，当硅被锁在化学惰性的沙子里时，以硅为基础的生物系统就会卡顿并停止运转，但实际上，这却是见证它奇迹的时刻。碳的化学性质非常优秀，但硅和氧形成的硅酸盐化合物却是硅少有的优势领域之一。它的外观精美，种类多样，从普通玻璃到石榴石，从滑石到黄玉。硅酸盐在地球上含量丰富，质地坚硬，用途广泛，地球上一些最奇异的生物都使用过硅酸盐。当你看到水中的蛋白石和玻璃海绵这样的科学事实，还需要看科幻小说干什么？

硅藻是一种海洋藻类，它可以吸收溶解在海水中的微量硅酸盐，并用它把自己包裹在保护性的硅化外衣中。在这些显微镜下才能看到的外壳里，二氧化硅和水组合成了复杂的晶体，很像珍贵的猫眼石，反射出彩虹般的颜色。

此外，还有生长在海面数百米以下的珊瑚礁上的玻璃海绵。这些奇怪的生物和我们以及地球上大多数生命形式都不一样。在它内部，硅酸盐编织出一个精密的框架，存在着很多通道和空隙，构筑起一个内部的网络。在水下，这种云状的坚硬玻璃物质自身不能移动，但它们可以让生命从它们精致的结构中通过，通过微小的缝隙过滤掉它们赖以为生的微生物。基于硅酸盐的生命可能更简单、更缓慢，但绝不比其他生命逊色，这意味着生命的可能性并不唯一。

摆脱了氧的束缚，硅可以利用其混合特性的另一面。纯硅与它的邻近元素有一些相似之处，它可以导电，但只在特定的情况下。这意味着可以通过它来控制电流，做出决策，传递信息。这也可能形成另一种"生命形式"，只是和我们熟悉的那些不同。

P

磷
光的载体

许多元素都有其阴暗面。那些被滥用于谋杀或战争的物质清单很长，磷位列其中毫不意外。但它经常与炼金术士和鬼魂的故事联系在一起，这使它有别于其他元素。磷不仅仅是黑暗的，更是"哥特式"的。

这一切都始于17世纪的炼金术士亨尼格·布兰德，他在自己的尿液中寻找金子。对自己的排泄物经过数周的储存、煮沸和精炼之后，他满怀期待地盯着一个烧瓶，希望能在瓶底发现一丝微弱的金色光芒。但事与愿违，他看到了一种能发出绿光的白色固体。这种新物质被命名为磷，意思是"光的载体"。

布兰德继续他对黄金的追求，但其他科学家则被这种神秘的会发光的磷迷住了。在科学沙龙里，人们把它涂在手上和脸上，创造出令人毛骨悚然的效果。人们用磷棒把单词写在纸上，当写有这个单词的一角被划开时，它会莫名其妙地燃烧起来。这些奇妙的演示吸引了大批民众去参加越来越受欢迎的公共科学讲座，这种讲座在启蒙运动时期的欧洲随处可见。

人们对磷的奇怪特性感到惊奇，但它那幽灵般的光芒以及骇人的易燃性一直是一个谜。直到几个世纪后，真相才被揭开，一些其他谜团也一并被解开。

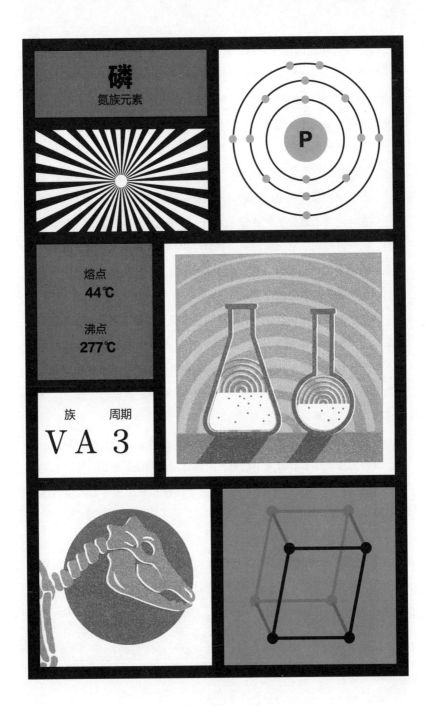

磷
氮族元素

P

熔点
44℃

沸点
277℃

族　　周期
V A 3

和许多哥特式的反派一样，磷对一样东西有着执着的迷恋，那就是氧。只要有那么一丝机会，磷就会与氧原子形成非常强的化学键，同时释放出大量的能量。如果氧气以一种平稳而缓慢的方式接触它，能量会以绿光的形式释放出来，这是一种没有热量的冷光，这一过程被称为化学发光。但是，在微弱的刺激下，比如摩擦产生的热量，磷就会瞬间抓住所有氧气，同时释放出大量的热量，发出明亮的火焰和令人窒息的白烟。

从布兰德发现磷的那一刻起，人们就知道磷存在于我们体内，但我们是如何在体内含有这样一种喜怒无常的元素的情况下生存的呢？答案也很简单，磷一旦得到了它所需的氧，就会变成稳定的磷酸盐。磷酸盐是所有生命体内重要的结构单位，它形成了 DNA 的主干，并参与了几乎所有生物的每个细胞的基本生命过程。

动物吃下的任何食物，无论是动物还是植物，都会向体内引入更多的磷酸盐，而多余的磷酸盐将会被排出。这正是微生物获得磷酸盐的好机会，不能让它被浪费了。细菌和其他微生物都会从动物的排泄物中获取食物和能量。正如任何一个好听的哥特式故事都会告诉你的：死与生永远相伴。

在森林、沼泽和墓地里，死去的生物堆积如山。在真正的哥特式故事里，这样的环境经常会出现小精灵、南瓜灯或类似幽灵般的灯光，它们掠过树林或像幽灵一样盘旋在沼泽上。关于这些现象的故事已经流传了很

久，但通常被认为是超自然的无稽之谈。然而，科学可能有了答案，或者至少有一个貌似合理的理论来解释这种现象——磷。

有些生命形式的存续要归功于死亡。它们会循环利用磷和其他元素，并让这些物质重归于土，以支持生命的繁衍与成长，这一点至关重要。有些喜爱腐烂物质的微生物会将磷从氧那里带走，生成联膦（P_2H_4），这是一种气体，当它与空气接触时，会发生自燃。森林、沼泽和墓地有很多死亡生物，对这些微生物来说，这是它们专享的饕餮盛宴。它们会将生物残骸彻底分解，并积累大量副产物。偶然的机会，这些副产物会以沼气的形式喷出，大多数情况下，它们会不为人知地随风飘散。但联膦偶尔也会被释放出来。氧气虽然已经被土壤下的细菌耗尽，但新的氧气随风而来，联膦分子会与之反应，因而发光，甚至点燃周围的甲烷。

所以，如果你今晚去森林，必定会遇到一个大惊喜；如果你今晚去森林，你可能会看到伪装的磷[1]。

1　此处内容仿写自英文儿歌《泰迪熊的野餐》（*The Teddy Bears Picnic*），歌词中有：如果你今晚去森林，必定会遇到一个大惊喜；如果你今晚去森林，你最好伪装起来（If you go down in the woods today, you're sure of a big surprise；If you go down in the woods today, you'd better go in disguise）。

硫
酸雨元凶

许多元素隐藏了它们本性的阴暗面，它们常以不易察觉和隐秘的方法做恶。相比之下，硫元素从来没有试图掩饰它的可怕，它几乎是在炫耀自己与邪恶的联系，并以它与魔鬼的关系为荣。硫元素另一个尴尬的秘密是：它也有不少好处。

硫是自古以来就为人所知的少数几种元素之一。它应该不是被发现的，更可能是因为它的存在到了很难被忽视的地步。硫黄从温泉和火山中涌出，伴随着糜烂和腐败的恶臭。

硫是许多恶臭分子的核心，它是大蒜刺鼻气味和甲硫醇强烈臭味的关键。甲硫醇会加在天然气、煤气等气体里，提示我们气体是否泄漏。像硫化氢和二甲基硫醚这样的化合物是死亡和腐烂散发出的恶臭的一部分。这种嗅觉警告可以提醒我们人类和一些动物远离那些已经腐败的食物。

回到火山，少数勇敢的人没有被硫黄的气味和灼热的温度吓倒，他们将会看到绝壮的美景。第一个看到纯硫的人在看到这种明亮的黄色岩石时一定会很惊讶，它们融化成血红的液体，喷吐着怪异的蓝色火焰。看到硫如此奇特的性质和外观，人们不得不相信它来自地狱。

这种可怕的元素在《圣经·旧约》中被称为"硫黄石"（brimstone），字

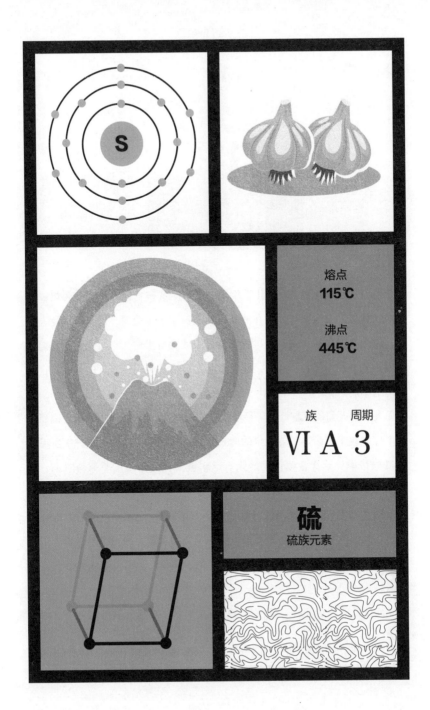

熔点
115℃

沸点
445℃

族　　周期
Ⅵ A 3

硫
硫族元素

面意思是"燃烧的石头"。几千年来，燃烧硫黄一直让人们感到恐惧。有罪之人死后，灵魂会被判处在地狱火和硫黄中永世受罚，这种传说让人恐惧，让人改过自新。硫黄也在现实世界中威胁着生命，它与碳、硝石混合制成黑色火药。在公众面前，硫元素经常被描述为一种有害的存在，自然环境也不能幸免。

人类与火和硫黄签订了一种浮士德式的契约[1]。人类掌握了火，因而推动了许多技术进步。随着人口的增长，技术的进步，推动这些进步所需的燃料也在增长，富含硫化物的化石燃料被大量开采。工业革命时期，黑暗而邪恶的作坊靠煤炭提供动力，向大气中喷出富含二氧化硫的滚滚烟云，野火和工厂烟囱冒出的浓烟让整个城市窒息。在20世纪的大部分时间里，我们燃烧石油驱动发动机，实现了交通运输，这向空气中释放了更多的二氧化硫。在空中，它溶解在云中的水滴里，然后以酸雨的形式返回地面。

与自己的恶名相称，硫会招致毁灭与腐朽。在硫元素的陪伴下生活几

---

1 在《浮士德》中，魔鬼引诱浮士德与他签署了一份协议：魔鬼将满足浮士德生前的所有要求，但是将在浮士德死后拿走他的灵魂。

个世纪，即使是天使也只会剩下一张肮脏的脸。硫与某些金属有很强的结合力。古老的《圣经》上装饰着华丽的圣像，但由于大火释放的硫与铅白颜料中的铅结合在一起，圣象慢慢地失去了光泽。随时间推移，即使是最圣洁人物的脸颊上，也会出现棕黑色的硫化铅污迹。现在，人们在工厂的烟囱中用化学方法剥离硫，随后在原油精炼过程中将硫提炼出去。这不仅对大气有好处，用于工业和汽车尾气的重金属催化剂也终于摆脱了硫的包围和毒害。

　　人们很容易妖魔化这种能制造火药、散发腐臭气息和引发酸雨的元素，但它也有好处。化石燃料中之所以含硫，不是因为地质事故，而是来自过去的生物。硫黄和死亡一样是生命的一部分。硫原子串起氨基酸的链条，形成了蛋白质和酶。它们像尼龙搭扣一样配对，并且足够坚固，可以将氨基酸链条小心缠绕，形成三维形状，使蛋白质或酶能够正常工作。但当酶被销毁时，它们的结合力也恰好弱到可以被拉开。角蛋白是头发和指甲的结构成分，其中含有大量的硫。无论是地狱之火的故事，还是讨论关于硫键的科学，硫元素都能让你焦头烂额。

氯
双面人

　　氯元素是元素周期表上的"杰基尔和海德"[1]。许多人知道氯元素邪恶的一面：它对臭氧层造成破坏，并在第一次世界大战期间被用作化学武器。然而作为氯的另一面，人们却很容易忘记——它对于生命是必不可少的。

　　毫无疑问，氯有其不好的一面。就像它的兄弟氟一样，它迫切地想要一个额外的电子来填充它的最外层电子，所以它试图从任何地方夺取一个电子。很少有元素能抵抗氟的猛烈攻击，和氟相比，氯也只是稍微少了那么一点破坏力。但是获得额外的电子之后，氯就像杰基尔医生的血清一样完全变了个样——暴力、不道德的氯（海德先生）完全被压制，温和、受欢迎的氯（杰基尔医生）出现了。

　　氯的化合物，如氯化钠（食盐）和盐酸，很久以前就广为人知。然而，直到1774年，才由瑞典化学家卡尔·威廉·舍勒首次分离出了氯，并系统地研究了它。他的研究揭示了这种令人不适的、死气沉沉的黄绿色气体的重要特征。它几乎能与任何接触到的东西发生反应。它的气味令人窒

---

1 《杰基尔医生和海德先生的奇案》是苏格兰作家罗伯特·路易斯·史蒂文森的中篇小说：受人尊敬的杰基尔医生通过一种未知的化学物质变成了海德先生，并四处作恶。

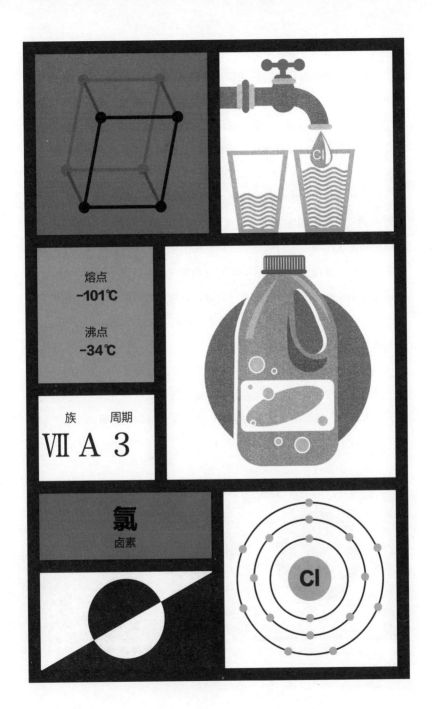

熔点
−101℃

沸点
−34℃

族　　周期
VII A 3

氯
卤素

Cl

息，可以漂白纸张、植物和织物，还能杀死昆虫。

人们花了几年时间才突然认识到氯的漂白能力，从此以后，氯改变了造纸业和纺织业。人们还做了进一步的技术改进，将氯气通入氢氧化钠溶液中，生成了次氯酸钠，也就是我们现在熟知的漂白剂。这种液体漂白剂比令人窒息的氯气更容易操作，用它生产出的白布可是比看起来还要干净得多。

细菌和病毒对次氯酸盐特别敏感，即使是非常稀的溶液。漂白剂不是一种药物，但医院用它来清洁消毒，降低死亡率。1897 年，英国小镇梅德斯通暴发了伤寒，人们决定尝试在饮用水中加入氯，从而避免了一场流行病的暴发。现在大多数发达国家都使用氯化物来处理饮用水。放心，添加量非常小，不至于影响饮用者的健康，但它会消灭水中形形色色的病原体。这些病原体在过去几个世纪中曾夺走数百万人的生命。

当然，氯的阴暗面也从未消失。

1915 年 4 月 22 日，在一战西线的伊普尔，大量氯气从圆筒中释放出来。微风将这些毒云吹向对面的战壕，由于氯气比空气重，它可以透过泥土，进入战壕，甚至灌入地下防空洞。当氯气接触到士兵眼睛、嘴巴和肺

部的水，就会转化成盐酸。这是化学武器在战场上的首秀，在这之前，制造者们已经完全明确可能的后果。最终，数千人死亡，还有数千人双目失明或肺部受损。这一可怕的结果震惊了世界。一战结束后，各国达成新的国际共识，以确保这类事件不会再次发生。然而，他们并没有完全成功。

杰基尔医生发现，一旦海德先生被释放出来，他的恶意就越来越难以控制。随着 20 世纪的发展，氯逐渐被视为污染最严重的元素。用于塑料、农药、制冷剂和气溶胶喷雾的含氯化合物正设法进入地球的高层大气。在那里，紫外线将这些分子分解，释放出氯自由基，这是一种能撕裂臭氧分子的高活性原子。

随着氯对臭氧层造成破坏的证据逐渐明朗，许多人工合成的含氯化合物要么被禁止生产，要么被严格管制，以遏制其危害。1991 年，出于对环境方面的考虑，秘鲁决定在国内大部分地区停止使用氯化物对饮用水消毒，结果引发大规模霍乱暴发，夺去了 1 万名公民的生命。于是，氯化物再度回归。

故事总有两面。即使是在世界大战期间，用于饮用水消毒的氯化物和治疗开放性伤口的次氯酸盐也挽救了许多生命。含氯化合物会造成污染，但它们也是生命所必需的——从胃酸到调节细胞的氯化物。正如杰基尔医生发现的那样，好事和坏事往往交织在一起，而且并不那么容易分开。

钾
变化莫测

钾向来我行我素，说服它改变自己的本性需要花费不少代价。如果你把这个元素从默默无闻的舒适区中拉出来，别指望它会因此感激你。但如果你胆敢分离出钾元素又不给予它应有的尊重，你很快就会得到教训。

和第一主族的其他元素一样，钾在最外层只有一个电子，其他电子层都被填满了。纵览整个第一主族的所有成员，这个多余的、奇怪的、不舒服的最外层电子越来越不受欢迎。相比于锂和钠，钾更热衷于把这个多余的电子给任何想要它的人。幸运的是，还是有很多元素缺一两个电子，正好把钾原子多余的电子拿去。其结果是，钾和获得额外电子的原子之间形成了一种伙伴关系，化学上称之为盐。

这种幸福的同居关系是钾元素最常见的生活方式，是它的首选。地球上的条件意味着在自然状态下不会发现纯的钾元素。在 19 世纪早期，科学家们熟悉钾盐，比如来自草木灰里的碳酸钾，当时他们怀疑这不是一种纯的元素。然而，没有人能成功地把钾或其他元素从中提取出来。终于，一位科学家不顾一切地想整个大活，他把钾从舒适区里拖了出来，在没有任何伙伴元素支持的情况下，把它推到观众面前。如你所料，钾的表现很糟糕。

钾

碱金属

熔点
63.4℃

沸点
759℃

族　　周期
ⅠA　4

汉弗莱·戴维出身贫寒，但他表现出非凡的科学才能。结合了天赋、勤奋和毅力，他在科学领域的地位逐渐升高。他在演讲和实验演示方面的天赋让他和他的学科得到大众的接受，虽然学术界并不总是持有相同的观点。不管怎样，他在化学方面的成就是不容忽视的。

1807年，戴维应邀在英国皇家学会著名的贝克里安讲座（Bakerian Lecture）上做报告。英国皇家学会在当时是伟大和优秀的学术交流俱乐部。戴维需要一些特别的东西，一些能让最保守的科学精英们大开眼界的东西。他决定利用这次演讲来宣布一项伟大的科学发现，一项其他人曾尝试但未能实现的成就。他在1807年的演讲中宣布发现了一种新元素，唯一的问题是，他是在讲座之前几周才刚刚发现它。

当时，戴维在英国皇家学会工作，这里拥有充足的资金、优秀的实验室设施和公共讲座机会，这种科学演讲在当时非常受欢迎，万人空巷也是常有的事。在皇家学会充足的设施和资金支持下，戴维制造出了世界上最强大的电池组，以电解苛性钾（氢氧化钾）。电池组那强大的电流迫使苛性钾中的钾原子拿回了它们通常不屑一顾的电子。戴维成为第一个在电池的电极上用肉眼看到纯金属钾的人！

实验产生的热量将钾熔化成球状的小液滴，看起来就像闪闪发光的水银，但这些液滴似乎带有魔法。当纯钾被提取出来后，每个钾原子的最外

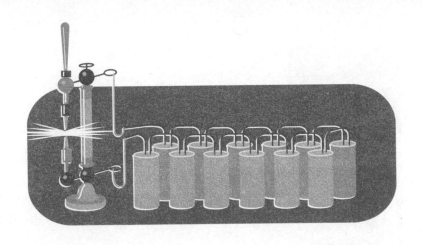

层都有一个孤单的多余电子。它会在第一时间把这个电子释放到空气中的氧气和水分子身上。如同魔术师表演了一场戏剧性的消失，一股明亮的淡紫色火焰爆发——钾消失了，又变成了苛性钾（氢氧化钾）。

在贝克里安讲座上，戴维宣布发现了一种新元素，在视觉和科学上引发了火花。而这不被英国皇家学会古板的学术环境所容纳，戴维的风格被认为不适合严肃的科学研究。还有些人则怀疑他说法的真实性，因为除了英国皇家学会之外，没有人可以获取足够的资源复制他的实验，并证实他的发现。幸运的是，这样一个戏剧性的发现并不是昙花一现。今天，纯钾的生产十分容易，科学家对它的反应性更加警惕，他们会做好防护并相当小心地对待它。

钙
性格演员

　　许多元素都具有独特的属性或突出的功能，它们能够胜任特定的工作。钙元素却是一个多面手，在我们的生活中扮演着千差万别的不同角色。它从我们醒来的那一刻起就与我们同在，并在我们睡觉的时候为我们提供庇护。一天之中，钙都是我们始终如一的伴侣，维系着我们的生活，让我们的生命得以延续。这个坚实而可靠的元素肩负着数以千计费力不讨好的工作，很多我们根本注意不到，更谈不上向它感恩。

　　如同一个会运用妆容、服饰和体态来扮演不同角色的多才多艺的演员，钙通过化学添加剂改变自己的角色，从建筑大师，到家庭医生，再到文艺复兴时期的艺术家。一个完美的性格演员可以展现出完全不同的个性，以至于我们根本认不出角色背后的原型。人们时常惊叹于钙元素的千变万化。

　　直到19世纪初，人们才意识到钙是一种元素，在这之前，它一直深藏在各种化合物的伪装之下。一种元素的个性或特征是由它的核外电子排布方式决定的。当元素发生反应生成化合物时，电子被共享、交换或送出。其结果可不仅仅是两组特性的单纯叠加，而是一种全新的状态。钙与其他元素反应的时候，不是简单披上华丽的外衣，而是会转变成完全不同

钙

碱土金属

Ca

熔点
842℃

沸点
1484℃

族　周期
ⅡA　4

的东西。

钙对我们来说最熟悉的存在形式是岩石和骨头。我们经常从结构的角度来理解元素。它在我们身边塑造了许多不同的景观，比如悬崖处的白垩峭壁，以及石灰石采石场。它是建筑材料的基础，我们可以用它来铺设水泥路面，给房屋打上石膏，或用来支撑柱廊。它还是我们骨骼的必要成分，使我们不至于塌成一堆脂肪。其实，钙对我们世界的支持远不止这么简单。

工程师和建筑师非常欣赏碳酸钙的坚固和耐久，也看重它的外观；设计师们用大理石装饰室内外；雕刻家用雪花石膏雕刻出精美的雕像；工匠用珍珠点缀首饰。这样的精雕细琢往往是财富的象征。据说，埃及艳后克里奥帕特拉在一次华丽至极的表演中，将一颗珍珠溶解在一杯醋中，喝下了一种令人印象深刻且价值不菲的钙鸡尾酒，尽管并不是很美味。许多人通过补钙来保证牙齿和骨骼的强健，但埃及艳后做得可能有点过了。

骨骼的强度固然重要，但骨骼可不仅仅是悬挂肉体的刚性框架。它是我们体内一种活着的资源，是钙元素的宝库，它随着我们饮食中钙的增减而加强或分解。我们体内 99% 的钙都以磷酸钙的形式储存在骨骼中，剩下的 1% 调节着我们的日常生活。我们在"骨骼银行"里不断取款和存款，让我们柔软部位处极微量的钙得到平衡。这些游离钙控制肌肉收缩、激素释放和血液凝结，并参与其他重要的生理过程。

钙的生物学天赋是根据生物体内的实际情况量身定做的。强健的固体形态磷酸钙是骨骼理想的结构支撑，但要把它放入细胞内忙碌的环境，那将是灾难性的。细胞内部富含三磷酸腺苷，这种分子的磷酸基团被依次分解，为细胞提供必需的能量。钙必须被严格地排除在这些地方之外，否则细胞的生长会逐渐停止。这种严格的控制可能会带来意外的好处。钙元素不断被推出细胞外，这可能导致坚硬的磷酸钙和碳酸钙外皮的形成。很多海洋生物为了保护自己发展出了外壳和外骨骼，可能最早就来自这种机理。

钙的不溶性化合物还常用于早期的聚光灯。顺便一提，聚光灯也叫石灰光，用火焰炽烤石灰（氧化钙）会发出强烈的白光。那么，如果将钙元素所有的伪装都卸掉呢？让很多人惊讶的是，纯粹的、不戴面具的钙竟然是一种相当普通的金属。

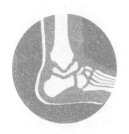

Ti

钛
强者

钛元素是身强力壮又沉默寡言的类型。它向世界展示了一个坚硬的外在——一个面具或装甲外壳，可以防止外界入侵。但这件盔甲并不笨重，不是电影里那种铿锵作响的金属铠甲。它更像超级英雄的服装，贴身，适应性强，甚至五颜六色。钛和它那保护性外壳就如同超级英雄一般，保护我们人类免受伤害。

这种元素于 18 世纪 90 年代被发现，它与铁和氧一起存在于岩石中。铁很容易去除，但留下了一种氧化物，人们肯定其中含有一种未知的元素。他们将其命名为钛，名字源于"泰坦"。泰坦是希腊神话里的第一代神，由乌拉诺斯（天神）和盖亚（地母）所生。泰坦在一场持续十年的战争中被奥林匹斯诸神推翻。将钛从二氧化钛中分离出来的化学之战没有那么残酷，却花费了更长的时间。

许多人试图说服金属离开与它们绑定在一起的氧元素，他们为这些元素提供了非常诱人的选择，就好像用糖果和新玩具来和一个拒绝离开藏身处的孩子谈判一样。他们用碳元素来引诱氧元素离开，这是最常见的炼铁、炼铜的方法。用同样的方法炼钛则遇到了问题，二氧化钛遇到碳也会释放出氧元素，但钛会和碳结合成碳化钛，这是一种更难分解的材料。直

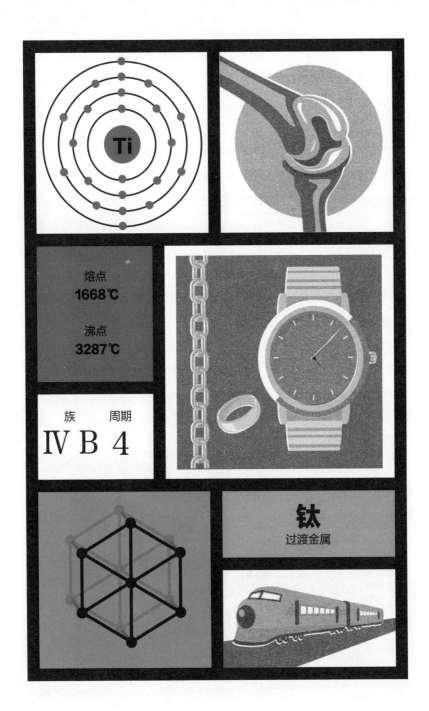

Ti

熔点
1668℃

沸点
3287℃

族　周期
ⅣB 4

钛
过渡金属

至 1910 年，人们才终于找到一个合适的还原剂将钛提纯，虽然还原剂很复杂和昂贵，但这些努力都是值得的。

相比于它的重量，钛显得格外坚硬，而其对氧的亲和力意味着纯钛暴露在空气中时会迅速形成一层保护性的氧化膜，让它根本不惧怕化学和物理攻击。它是航空航天、建筑和家庭装修的完美材料。用钛及其合金制造的飞机部件重量轻，强度高，且耐腐蚀。覆盖在毕尔巴鄂古根海姆博物馆（Guggenheim Museum）建筑外部的钛板与 1997 年安装时一样，依然闪耀如新。钛制成的珠宝非常轻盈，它的氧化层厚度恰到好处，通过衍射散发出彩虹般的色彩。

纯的二氧化钛有很强的反射性。明亮的白色二氧化钛使涂料持久耐用，它还可以用作我们的保护层，比如在防晒霜里加入钛白粉，用来抵御诱发皮肤癌的紫外线，保护皮肤。

二氧化钛对于任何东西都漠不关心，对皮肤也是这样。但人体对于金属钛的反应方式却非比寻常。为了保护生物系统不受恶意入侵者的侵害，免疫系统一直处于警戒状态，试图使用任何可能的手段来摧毁外来的、不

熟悉的东西。生物的多样性和适应性意味着每一件盔甲上的任何一个裂缝都可能会被外来物见缝插针。因此，当发现免疫系统不仅忽略了钛，甚至还把它当作自己的一部分对待时，我们感到非常震惊。

1952 年，瑞典医生布伦马克想知道新的血细胞是如何在体内产生的。为了完成研究，他在兔子的股骨上挖了几个洞，但需要一扇窗户用于遮盖，为此他制造出数枚薄到透光的钛片。他的观察结果令人满意，布伦马克试图拆除昂贵的钛窗进行更多的实验，但根本拆不下来。他只好做了新的钛片，但同样的事情再次发生。成骨细胞，即形成新骨的细胞，总是附着在钛上，好像钛就是骨头一样。从此，钛成为一种广为接受的人体植入材料，彻底改变了义肢领域。

尽管直观来看，钛并不完美。一旦受到刺激，这个元素就会做出激烈的反应，当然这并不会轻易发生。它的这种超级英雄式的能力使它成为一个可怕的敌人，如果钛开始燃烧，那就无法阻止了。幸运的是，不同于以它命名的神，钛对谩骂并不在意，它更愿意躲在那几乎无法穿透的面具后面。

铬
褪色的明星

铬元素的问题在于它很容易受外界影响。就其自身而言，它清者自清，但当它和错误的家伙混在一起时，就会变得很糟。这并不一定是铬的错，只是其他元素占了便宜。

元素周期表中的第24个元素大致位于正中那个又长又低的长方形的最上面一行的中间。这个四层建筑中的元素都被称为过渡金属。它们拥有你可能期望的金属的所有特性——金属光泽、坚固（大部分金属的特质）——尽管它们也有点华而不实。

纯态的铬元素是一种银色的金属，那高端的外观和光泽看起来就像是20世纪20年代最先进的外观设计。它那闪闪发光而又光滑的表面很容易让人联想起20世纪50年代在美国广受欢迎的汽车和厨房电器。在当时，反光的外在散发出一种现代感和时尚气息，但现在已经渐渐褪色为令人舒适的怀旧感。

过渡金属不仅在纯态下拥有亮丽的外观，它们还可以和其他元素一起生成一系列五颜六色的化合物，这都归功于它们的慷慨。过渡金属通常愿意给出自己的一些电子，以满足另一个原子的需求。它们也会保留一些额外的原子，以备不时之需。如果它们不是这样多才多艺，那它们就真的一

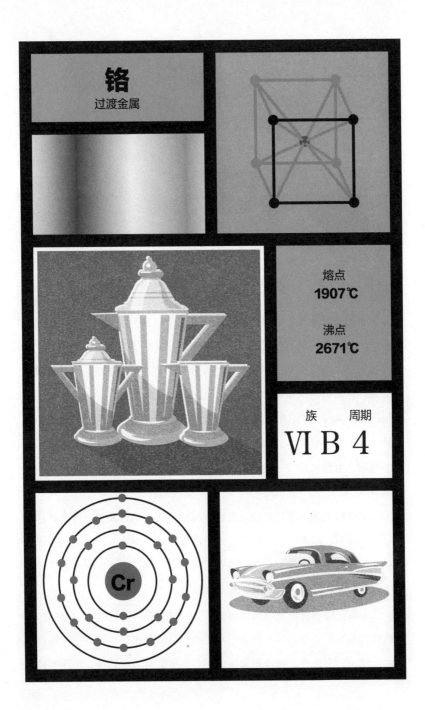

铬
过渡金属

熔点
1907℃

沸点
2671℃

族　　周期
VI B 4

Cr

无是处了。

　　铬很乐意分享或接纳额外的电子，但它最乐意失去两个、三个或六个电子。因此，只要拿走正确数量的电子，并在铬原子周围以正确的方式排列其他原子，就可以制造出一系列令人惊叹的亮黄色、橙色、紫色或绿色化合物。这就是艺术家喜欢用这些化合物当颜料的原因。

　　19世纪和20世纪初的很多艺术家都迷上了含铬颜料的鲜艳色彩，文森特·凡·高曾对黄色尤为痴情，他有几种黄色颜料可供选择。镉黄明亮且不透明，但价格昂贵。铬黄有类似的靓丽色调，虽然颜色并不持久，但它更便宜。

　　铬本身耐腐蚀，但与其他元素过度接触反而会造成损害。铬黄被称为"短命"颜料，因为它那明亮的色调会逐渐消失，沦为一种暗淡的色泽。艺术家们虽然被含铬颜料那明亮的色彩所折服，但必须考虑到它们色泽的易变性。

　　凡·高在给弟弟提奥的信中写道："画会像花一样凋谢。"当他把向日葵插在花瓶里的时候，他一定会把水加满，以使鲜花在他作画的时候多活几天。他还会把画布上的颜料加满，让黄色多保留一些时日。问题不只是他使用的颜料，还在于油会使颜料流动。油画的颜料干得很慢，通常会加入干燥剂来加快干燥速度。这些助剂与空气中的氧气发生反应，促使油画中的油分子交联起来，形成一个相互交联的网状结构，使一切都固定在原位。氧和干燥剂就这样被困在这张大网里。

凡·高使用的干燥剂还含有一些其他的过渡金属，如铁、钴或锰，它们具有过渡金属的共同性质——对电子的过度放任。氧气、干燥剂和油混合在一起，从一种过渡金属释放出电子，再被另一种过渡金属吸收，这会导致亮黄色的六价铬变成暗棕色的三价铬。

对凡·高画作的研究让艺术界了解到，这些颜料是很难经受住时间考验的。如今，凡·高的《向日葵》吸引大批游客来到博物馆，但它们曾经的样子早已变成了一团泥泞的阴影。

在找到修复这种恶化的方法之前，最好的办法只有遏制颜料变暗——蓝绿色的光会促使颜料里的金属释放出电子，这些电子随后会被来者不拒的铬元素吸收。改变画廊的灯光，可能是保存凡·高凋谢之花的最好希望。

26
Fe

铁
铁石心肠

有些元素早已广为人知，它们的名字已经融入了我们的日常语言。铁是力量和呆板的代名词。我们会经常说"钢铁意志""铁证般的不在场证明"和"铁腕"。这对于一个元素来说是一个很大的挑战，尤其是这种元素有一个严重的弱点，一种会破坏它自身特性的"瘾"——在氧的存在下，铁会"崩溃"。

铁表现出我们对金属的所有期待——沉重、结实、闪亮、耐用。而且，只要它远离可能对它产生破坏的氧气，它就不会辜负我们的期望。但是，在氧气的作用下，铁会变得脆弱，难以为继。氧化铁是一种锈，而且会逐渐腐蚀内部的金属，直到把金属完全侵蚀。一种如此脆弱易碎的金属竟然能得到如此广泛的应用，真是令人惊讶。

铁的一个主要优势是它巨大的储量。这个星球上不缺铁，尽管大部分铁都和它心爱的氧锁在一起。它们形成的化学键不是特别牢固，大自然已经找到了许多方法来分离两者，并让金属发挥作用，人类花了更长的时间才弄明白这一点。然而，一旦人类掌握了用火将锁在氧化铁中的氧元素分离出去的技术，就一发不可收。这种金属比之前使用的任何其他金属都坚固、锋利。更强大的工具和武器让那些通晓炼铁技术的人拥有了竞争

铁
过渡金属

熔点
1538℃

沸点
2861℃

族
VIII

周期
4

Fe

优势。随着时间的推移，炼铁工艺被不断优化，达到工业化的规模。铁制品的规模也在增长——从私人物品到交通工具：船、火车。只要它远离氧气，铁就可以实现令人难以置信的工程壮举，但是……对，故事总会迎来一个"但是"。

铁就像一个无可救药的惯犯。它必须被看紧，才能确保它不会与氧气鬼鬼祟祟地密会。水也是铁遭锈蚀的共犯，必须不惜一切代价排除。物理屏障——油漆、防锈油和塑料——必须到位。铁还可以被其他金属保护，在心浮气躁的氧气面前，这些更活泼的金属可以施展美人计——镀锌板和不锈钢可以将氧的注意力从铁转移到氧更喜欢的锌和铬身上。

人类竭尽全力让氧气远离他们制造的铁制品，但在我们体内，情况就完全不同了。在我们含水的身体里，共有约 4 克铁。它们大部分存在于我们的红细胞里，其主要作用就是与氧气发生反应。日复一日，每时每刻，我们血液中的铁都在与氧气直接接触，但我们并没有生锈。

铁对氧无比迷恋，这有它的好处，大自然帮我们找到了一种妙用。铁毫无疑问会抓住氧气，可以高效地捕获被我们吸入的氧气。当它流经我们的动脉和毛细血管，进入身体的犄角旮旯时，铁还是会紧紧地抓住氧气。

问题在于如何说服它放手。

血红蛋白精心设计了红细胞内铁和氧之间的相互作用。每个血红蛋白分子包含四个血红素单位——血红素是一个由碳原子、氮原子等组成的复杂网络，撑起中心的铁原子。当第一个氧分子与这个铁原子结合的时候，周围的结构被弯曲，以容纳这个外来者。一个血红素的运动会通过一个分子弹簧和杠杆系统传递给其他的血红素，这个过程会逐渐降低氧气和下一个血红素的结合难度。血红素能让氧气和铁结合得非常牢固，足够它们抵达人体深处。此外，这种支撑性的框架也会减缓氧气从血红素分离的速度。当时机成熟时，这个协同系统会轻轻地把氧气推走，把铁包裹起来，准备进行下一次循环。

　　铁并不完美。其他金属有的更硬，有的更有弹性，有的更容易加工。但是，在成千上万种不同的选择中，铁是首选，尽管它有瑕疵，但我们会爱屋及乌，爱它就会接受它的全部。

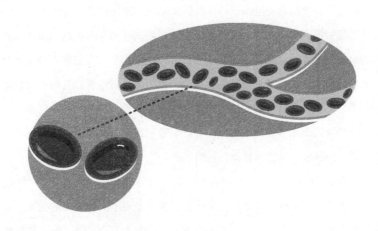

钴
恶作剧

很久以前，在一个并不遥远的地方，人类与精灵、鬼神、妖精共同生活。这些神奇的物种并不是那么友好。中世纪的矿工们不仅要承担劳累的体力活，还要忍受黑暗潮湿的工作环境，更要应付住在那里的妖精的恶作剧。矿工们会设法避免进入妖精作怪的矿道，但躲开它们并不容易。

妖精们最喜欢的把戏之一是把无用的矿物伪装成更有价值的东西。妖精们会欺骗矿工，让他们以为在岩石深处发现了白银。人们努力开采，挖出他们认为珍贵的银矿，再拉到地面上。他们会兴奋地将矿石灼烧以获得他们期望的银，最终他们发现这不过是一些毫无价值的金属。不仅如此，大火还释放出令人窒息的有毒气体。于是他们诅咒这些矿石，以及把矿石放在那里的妖精（在德国被称为科博尔德）。

18世纪30年代，一位名叫乔格·勃兰特的瑞典科学家研究了"妖精矿石"的样本。他没有找到超自然生物，而是发现了一种未知的元素。他将这种元素命名为钴[1]。勃兰特曾试图将科学与迷信区分开来，但是妖精的传说仍然有广泛的影响力。勃兰特像希腊神话中的卡桑德拉一样受到诅

---

1 cobalt，来自德语 Kobolde，意为妖精。

钴
过渡金属

熔点
1495℃

沸点
2927℃

族   周期
VIII   4

Co

咒，虽然他说出了这种新金属的真相，但并不是所有人都相信他。他的发现直到他 1768 年去世后才得到认可。

中世纪矿工挖出的矿石肯定并非如他们所见的那样。确实，它不含银，但这种金属并非毫无价值，毒害矿工的也不是钴本身。当时的矿工开采出来的是一种含有钴和砷的矿物——砷钴矿。加热后，有毒的含砷气体让矿工们中毒，而不是钴。这种金属也很有价值，它可以用来制作色彩鲜艳的颜料，被我们添加到玻璃、涂料和陶器里。

钴用来制造蓝色颜料并不是什么新发现。古代的美索不达米亚人就会使用钴化合物制成蓝色玻璃。中国人用钴给陶器上釉，波斯人也会，最终这种技艺传到了欧洲。黑色或橄榄灰色的氧化钴被涂在陶瓷上，经过窑炉的高温烧制，转变成了一种明亮的蓝色，这种蓝色不会随着时间的推移而褪色。

大约在公元 8 世纪或 9 世纪，中国人改进了他们的技术，用矾土（氧化铝）加热钴矿石来生产钴蓝。即便如此，颜料里的钴元素依然隐藏于幕后不为人知。一千年后，欧洲人找到了制造钴蓝的方法，并开始大规模生产。很快，陶艺作坊和油漆桶里就堆满了这种颜料。经过一些调整、修饰，钴还可以被改造成绿色、紫色或黄色。虽然许多含钴颜料都因其持久性而广受好评，但这种元素仍然会搞出一两个恶作剧。

在 17 世纪，秘密信息是用隐形墨水写的。这种墨水成分的秘密直到 1700 年才由法国化学家让·赫洛特（Jean Hellot）揭开。将钴溶解在王水中，生成淡粉色的氯化钴晶体。这些晶体可以与水和少量甘油混合，制成一种写在纸上干燥后几乎看不见的墨水。然后，在纸的顶端写上一条无关紧要的信息，而秘密写在另一端，直角折叠后恰好重合。加热秘密信息会让氯化钴晶体失去结晶水，进而转变成深蓝色。

维多利亚时代的人也用同样的手段来预报天气。在花瓣上涂抹氯化钴，在潮湿的天气里，它们会呈现出淡紫色；而在温暖干燥的天气，它们会变成紫罗兰色。随着温度的上升和湿度的下降，蓝色会逐渐加深。

但这些恶作剧并不总是很欢乐。纯的钴金属耐磨，耐腐蚀，有微弱的磁性，用途广泛，有好处，也有坏处。在第二次世界大战期间，人们在另一类"矿"[1]中发现了钴。这些水雷被布设在近海，当海面上的舰艇靠近，它们产生的磁场就会引爆这些水雷。钴在生物学中也有重要作用，如果体内的钴太少或太多，都会对我们的健康造成严重破坏。我们总是需要警惕钴的恶作剧本性。

---

1 原文中的 mine 在英语中既有"矿"的意思，也有"地雷、水雷"的意思，在此处一语双关。

镍
天外来客

　　这一切都始于那数百万颗如雨点般落在地球上的陨石。如果有人看到,那将是一幅壮观的景象。这些天外来客将自己埋藏于距离地表不远的地下,等待被发现。幸运的是,当后来人类偶然间发现它们的时候,并没有三足怪[1]升起来。

　　第一次观察这些天外来客的古人一定会对它们感到惊讶。这些又黑又重的硬块性能远超当时的技术,与过去常见的东西都不一样。这些外来入侵者看起来是由一种不寻常的金属构成的,它异常坚硬,而且耐腐蚀,这在当时简直就是神迹。于是古人用它制造武器和彰显身份的特殊物品。他们没有意识到,这种看似独特的硬块大部分是由普通的铁构成的,而它那卓越的品质来自另一种未知元素。

　　大约在公元前200年,中国人生产出一种叫作"白铜"的合金,其实它根本不含铜,含有的是这种天外来客。合金被出口到中东,可能还经此抵达了欧洲,尽管在这些地方,这种天外来客早已存在。

1　在美国电影《世界大战》中,一群外星人如陨石般砸入地下,随后外星人驾驶三足机器从地下钻出,开始屠杀人类。

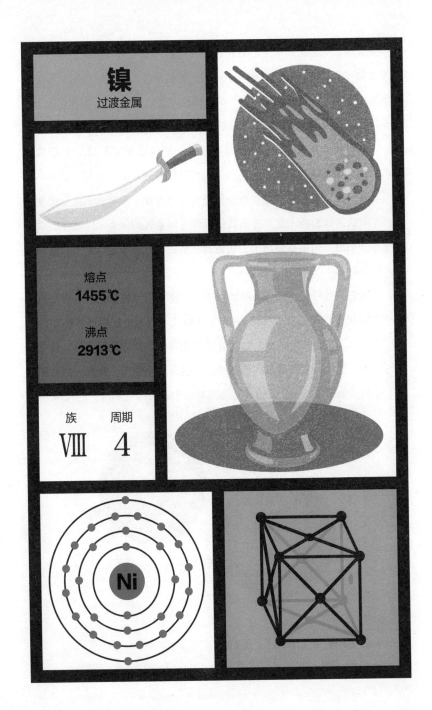

镇
过渡金属

熔点
1455℃

沸点
2913℃

族　周期
Ⅷ　4

Ni

在欧洲，中世纪的矿工们最初误以为这种外星入侵者是铜，但不管他们怎么做，都无法在里面找到一丁点铜。他们想方设法提取出的东西除了会把玻璃染绿以外没有任何用途。矿工们以"老尼克"[1] 的名字将它命名为"库普费涅"[2]（魔鬼铜），因为他们认为这是一种魔鬼般的矿物。

当瑞典化学家阿克塞尔·弗雷德里克·克朗斯泰特在 1751 年研究这种矿物时，也未能提取出铜。然而，他意识到隐藏在矿石里的金属是一种极不寻常的、以前被忽视的东西，他把它命名为镍。没有人相信克朗斯泰特，大家认为他的新元素不过是其他几种已知金属的合金。1775 年，瑞典化学家托伯恩·伯格曼制出了一块纯镍，结束了这场争论。终于，这种外星入侵者显露真身了。

虽然它的身份已经确定，但镍在很大程度上仍然被忽视，主要是因为没有人能找到它的用途。直到 1844 年镀银技术兴起，镍的优异性能才开始广为人知，在镀银工艺中，这种奇异的金属是非常理想的底材。经过研究的深入，镍的技术优势被广泛认可。它被添加到硬币、餐具、钟表和数以千计的其他日常物品中，这些地方需要的就是可靠性和统一的风格。

---

1 Old Nick，即恶魔，矿工以此命名是因为镍矿总是让他们徒劳无功。

2 Kupfernickel 一词源于两个单词，一个是 copper（铜），另一个是 Nick（恶魔）。

这种天外来客以几十种不同的方式慢慢渗透进人类的生活。它并没有对我们造成什么伤害，相反，它给我们的技术能力提供了不可估量的帮助。这种元素在日常生活中有如此多的应用，以至于它几乎已随处可见。乔治·威尔斯[1]会对这些仁慈的入侵者感到失望，但他并没能活着目睹这种金属最令人难以置信的能力。

20世纪50年代末，美国冶金学家威廉·J.比勒一直在研究钛和镍这种原子量相近元素的混合物。他以这两种元素和他工作的地方（海军军械实验室，Naval Ordinance Laboratory）将这种新合金命名为镍钛诺[2]。他把一些金属样品折成六角手风琴的形状，准备带去参加一个管理会议。这些样品被与会者反复研究，它们被弯折、扭曲成新的形状，以测试它们是否会断裂。副技术总监戴维·S.马泽漫不经心地用打火机加热其中一个样品。令人惊讶的是，金属竟然自己动了。随着它自身的弯折、扭曲，最终又回到了之前的六角手风琴形状。

尽管表面上看，这并不是一个外星入侵者从深度睡眠中突然苏醒的故事。与大多数合金不同的是，在镍钛合金中，镍原子和钛原子是有规则地交替排列。当比勒的样本被弯曲时，原子会轻微移动，就像多米诺骨牌躺平一样。加热会使它们恢复到原来的位置，因此物体也恢复了之前的形状。

尽管我们日常使用的大部分镍可能都来自太空，但地球上的镍并不都来自地外。这种元素一直是地球的一部分，主要隐藏在地核里。它与铁在一起，用它们的磁性制造出一个行星大小的防护盾，让持续轰击地球的危险带电粒子偏转。镍是有些奇怪，但并不一定非要写进科幻小说里才会让我们惊讶。

1《世界大战》的原著作者。

2 Nitinol，意为镍钛合金。

29 Cu

铜

贵族

如果你过去打算用铜铸造一个角色，那一定是高贵的游侠骑士。铜这种元素有着悠久而卓越的传统，它的血管里流淌着蓝色的血液。铜不像金或铂（贵金属）那样属于顶级金属，但它的地位肯定比普通金属高。它穿着粉橙色的服饰，就像显赫的盔甲。它那色彩斑斓的矿石就像古老的旗帜和精致的纹章盾。而且，它会如同真正的骑士一样与坏人战斗。

和任何贵族一样，铜有着卓越的血统，可以追溯到一万年前。它是为数不多的能以单质形态从地下挖出的金属之一。而且，尽管它确实会与其他元素结合，但它的本性还是趋向于社会普遍接受的婚姻。诸如孔雀石和蓝铜矿（碳酸铜的一种）等的铜矿因其浓厚的颜色和绚丽的图案而备受珍视。它们被打制成装饰品或磨成颜料来打扮古代权贵们的脸。

富有的外在固然重要，但高贵与金钱无关。如同许多贵族的财富，铜的价值在几个世纪里经历了多次波动。虽然铜被用于铸币，但很少有国家将他们的财富建立在铜的储备之上。瑞典是一个例外——在一个叫法伦的地方，有一座巨大的铜山，在近一千年的商业运作中提供了大量的金属，还为几场战争提供了资金。在 18 世纪，这座铜矿满足了欧洲铜需求量的三分之一。

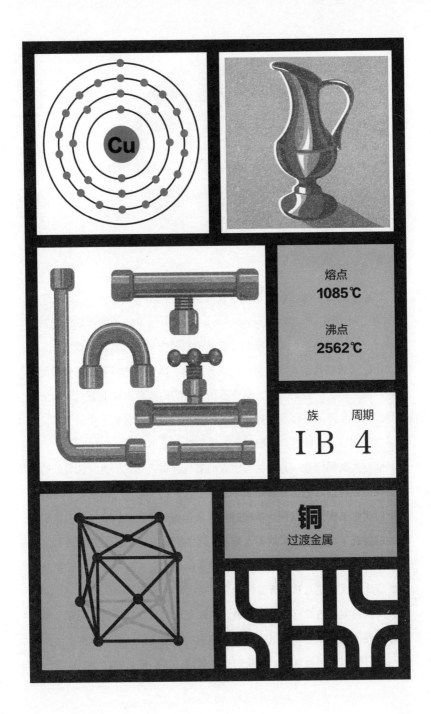

Cu

熔点
1085℃

沸点
2562℃

族　　周期
IB　4

铜
过渡金属

　　铜除了在过去的化妆品里为权贵的脸增光添彩，还赋予了"帝王"蓝色血液。帝王蝎（*Pandinus imperator*），以及其他节肢动物和软体动物，特别是一些头足类和甲壳类动物，都通过血液中的铜元素来运输氧气。成对的铜原子被整合到血青素酶中，成为它的一部分，它与氧气结合后变成蓝色，因而得名。但是，帝王蝎并不是因为它的蓝色血液而获得了帝王的称号，主要是因为它那令人印象深刻的身材。它是所有蝎子中最大的，它从头到尾都披着闪耀着金属般绿色光泽的黑色盔甲。

　　所有人类都拥有一套以铁为中心的氧气运输系统，正是它让我们的血液呈现出独特的红色，不管是王子还是穷人，都是如此。以铁为中心的血红蛋白比帝王蝎体内以铜为基础的血青素运输效率更高。但在低温或氧气不足的情况下，它的效果就不太好了。那些声称自己是蓝血的贵族都在撒谎——苍白的肤色将皮肤下蓝色的血管显露出来。这不过是一种让皮肤和脂肪过滤光线而使血管呈现蓝色的鬼把戏。

　　我们人类虽然没有蓝色的血液，但铜元素仍然在帮助我们呼吸，我们细胞中处理氧气以释放能量的酶是依赖铜的。铜还以很多其他方式帮助我们：它们被用作屋顶材料，为我们遮风避雨；它们被放置在船的底部，阻止船蛆和藤壶吸附，让水手继续浮于海面。任何一位游侠骑士都会以"铜底[1]"为豪，因为那意味着可靠和值得信赖。此外，铜还以真正的骑士风度担负起对抗我们最古老的敌人——细菌的重任。当细菌停留在铜的表面时，它们就会被杀死。我们在硬币中使用铜，在空调设备中使用铜，铜还有助于战胜我们的敌人。

但是，就像最著名的游侠骑士之一——堂吉诃德在读了太多骑士小说后失去了理智，太多的铜会是一件坏事。过量的铜可能不会导致风车倾倒，却会对身体造成严重损害。

堂吉诃德滑稽地演绎了骑士精神的黄金时代。与之类似，骑士追求古铜色头发的少女的浪漫理想在前拉斐尔时代的画作中也有描绘，但其实从未真正存在过。今天，骑士们不会再通过比武或寻找圣杯来赢得美女的芳心。但铜肯定没有失宠。纯度高、不易腐蚀，这些传统特性使得铜成为管道材料的合适选择。铜还具备出色的导电性，这意味着现在对这种金属的需求比以往任何时候都要高。

<hr />

1 copper-bottomed，英语中意为"可靠的""稳妥的"。

30

Zn

锌
孤独者

　　大多数人都会忽略锌的存在。作为充满活力和魅力的元素家族"过渡金属"中的一员，你可能会期待它更加优秀。但是，即使处于一个外向型的家庭，总有一些人不能如他们一样光芒四射或叱咤风云。这些人一直都在，但不知为什么，即使他们站在你的面前，也会消失在背景里。

　　藏匿于过渡金属家族最右边的角落里，锌根本没有它亲戚的那种光泽。和它的近亲金、铜和汞相比，纯锌的外观相当平庸。它的过渡金属伙伴们以化合物色彩丰富而著称，但锌的调色板很有限，只有白色和无色。锌的电子构型比它的同伴们更加保守。这并不是说锌没得到广泛应用，只是因为没有人对它大肆夸耀而已。这种含蓄的行为方式意味着它很容易被忽视。

　　锌是在 1746 年被德国化学家安德烈亚斯·西格斯蒙德·马格拉夫正式"发现"的，但事实上在这之前 600 多年，人类已经开始开采和提炼锌了，而且在几千年前就开始使用含锌的矿石了。现在已经发现了公元前 2500 年前后、含锌量约 90% 的物品。青铜时代，人们用含锌和铜的矿石来生产黄铜。公元前 1 世纪的古希腊哲学家斯特拉波曾写过一种与黄铜不同的"仿银"（mocksilver）。然而，这种金属似乎没能吸引人们太多的注

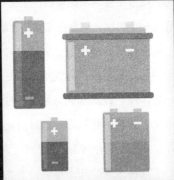

熔点
420℃

沸点
907℃

族　　周期

ⅡB　4

锌
过渡金属

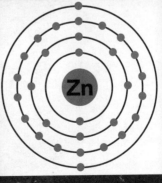

意力，以至于根本没能获得一个属于自己的名字，更没有人愿意花时间去给它起一个名字，也没有人费心去确认世界上真的有这么一种东西。

没能理解合金中的金属成分和错误的认识是一回事，但没有注意到四个世纪以来生产出的数以百万吨的锌，则是另一回事。早在大约14世纪，在印度，锌就被认为是一种独立的金属，欧洲人对眼前的一切却浑然不觉。大量的锌从印度通过海运来到欧洲，炼金术士们将其烧制为氧化锌，并快乐地称其为"哲人羊毛"。1688年，德国冶金学家拉斯普尔分离出了这种金属。几十年后，老杰弗里也成功做到了这一点，并把它当成一种新的物质记录下来。到了1743年，英国布里斯托尔已经有了一家锌冶炼厂，年产量达到200吨。但这些激动人心的发现（或者说是"再发现"）并没有产生任何影响。

马格拉夫在1746年的主要成就是给锌姗姗来迟的认证。接下来，一旦人们开始正眼看锌，想了解它到底是什么，他们就会意识到自己之前是多么盲目。锌这种元素可能外表并不起眼，但确实非常有用。

锌这种金属易于加工，耐候性好。它可以用来保护水桶、船只和建筑物。很多印象派画家都记录过巴黎那独特的锌制屋顶建筑。这些印象派画

家使用的颜料中也含有氧化锌，这种明亮的白色颜料也被用在化妆品、纸张和防晒霜里。锌还可以和其他金属一起制成黄铜、马口铁和其他有用的合金。200多年前，锌和铜配对，被用来制造最早的电池，这种电池今天依然存在。

锌的成就数不胜数，表现出色。锌不会造成严重的环境问题，在工业上被广泛应用，也没有引起什么担忧。不管是用于个人，还是用于国家，都不会让人睡不着觉。这都是因为锌在生物系统里取得了更大的成功。

人类起初对锌根本不以为意，直到1869年，才有人怀疑锌可能对健康至关重要。至少对某些真菌是如此。在20世纪20年代，科学家们开始揣测，他们在人体组织中发现的锌是否只是简简单单从环境中吸收的，还是实实在在地发挥了某种功能。现在我们知道，锌不仅仅是生命所必需的，更是在生命中无处不在。单单是人类就含有数千种依赖锌的酶，它们帮助我们消化、繁殖、呼吸和思考。有时它是酶的活性中心，有时它纯粹起到辅助作用，但我们离开它就是不行。

锌就是这样，轻描淡写地发挥着关键的作用。

镓
亲法者

镓元素的亮相由伟大的化学先知门捷列夫预言。这无疑是科学史上的一个重要时刻，但是，将镓元素收入元素周期表中并没有得到应有的肯定和赞美。公众的嘲弄极大地伤害了科学家的自尊。总的来说，镓成功地超越了这一切，并且还藏了一些压箱底的东西。

当门捷列夫搭建元素周期表的时候，他注意到一些空白，他确信这里存在一些还没有被发现的元素。他发表的元素周期表上附有注解，说明了这些缺失的元素会是什么样子，并给出如何找到它们的线索。31号元素应该很像13号元素铝，因为它们都是同一化学家族的成员。它可能被混入铝矿之中，换言之，在那里说不定可以找到大量的镓。

1875年，列科克·布瓦博朗德在检查一种锌矿石时发现了其中存在另一种元素的迹象。他成功从混合物中分离出一种金属，并怀疑这是一种从来没人见过的金属。他宣称自己发现了一种新元素，出于民族自豪感，它将其命名为镓，以他的祖国——法国的拉丁名"Gallia"命名。

并不是所有人都对列科克的爱国主义表示信服。有些人认为他的自豪感更像是自我陶醉，他们指责列科克发现的镓并不是源于加利亚，而是来自拉丁文里的小公鸡（gallus），他通过这种方式来彰显自己，而非他的国

镓

第三主族元素

Ga

熔点
30℃

沸点
2204℃

族　　周期
ⅢA 4

家，因为他的名字列科克（Lecoq）在法语里就是小公鸡的意思。科学界不能容忍如此明目张胆的利己主义，列科克不得不否认他曾经考虑过用自己名字来命名，而这并不是他遇到的唯一的问题。

列科克发现镓的时候并不知道门捷列夫的元素周期表。这个法国人在文献中报告镓的发现时，门捷列夫试图宣称这应该是自己的发现，因为他预测了镓的存在和它的很多性质。列科克很直率地回应，他自己才是做了所有工作的人，理应获得荣誉。他还大胆地说，是一位不知名的法国化学家第一个涉及了元素周期表，而不是俄国的门捷列夫[1]。门捷列夫对此非常不满。

这位俄国化学家显然是最早的元素周期表的发明者，不过他承认列科克发现了镓，但他要证明自己虽然没见过镓，却比列科克更了解这种元素。在仔细研究了镓被公开的数据后，门捷列夫注意到密度和比重的数值比他预测的要低很多。他写信给列科克，指出他的样品不纯，应该继续提纯。

于是，列科克回到了他的实验室。毫无疑问，列科克是苦恼的，提纯了镓样品之后进行的分析支持了门捷列夫的立场。真实的密度和比重确实符合俄国人的预测。但是门捷列夫并没有预测出所有特性，这种元素给所有人准备了更多的惊喜。

正如门捷列夫预测的那样，镓的化学性质和铝很相似。但列科克发现，它也有点像锌。在这种金属身上，似乎还能找到另一种金属——汞的影子。镓的低熔点意味着它会在你的掌心变成一种银色液体。化学家会跟你开这样的玩笑，他们拿出一把用镓制成的勺子，放进同事的茶里搅拌，一会儿镓就消失了。镓在很大的温度范围内都是液态的，这让它适合用于

---

1 法国地质学家、化学家德尚库尔图瓦在 1862 年设计出一个三维图表，将元素在圆柱体上按原子量递增的顺序排列成螺旋状，它们会定期显示出相似的特性。这比门捷列夫还要早，但他的原始论文并没有展示图表，而且使用的均为地质术语，并非化学术语。

高温温度计，而且比汞的毒性更低。

在体内，镓可能被误认为是铁，它们会被以铁为中心的酶吸收，如转铁蛋白和核糖核苷酸还原酶。这种错误会导致细胞调控中断，抑制 DNA 合成。这倒并不一定像它看起来那样具有破坏性。癌细胞有大量的转铁蛋白和核糖核苷酸还原酶，所以含镓药物会在这些细胞富集，从而破坏肿瘤的生长。

门捷列夫再怎么自信，也不可能知道镓会如此容易熔化，更不可能知道镓的毒性可以帮助治愈癌症。列科克没有被过去的错误吓倒，他继续发现了两种新元素（钐和镝），这回他明智地为它们选择了争议较小的名字。

33

As

砷
投毒黑手

砷是化学杀手的黄金标准。在小说和现实中，它被用来干掉有钱的亲戚、竞争对手和其他阻碍某人实现抱负的无辜者。砷到处都有，而且没有味道，所以砷中毒可归咎于一些自然原因。它似乎是完美的武器，但它在19世纪的滥用催生出一种简单、可靠、灵敏的检测手段，并推动了法医毒理学的发展，给那些潜在的投毒黑手当头一棒。

幸亏有了这种检测手段，越来越多可疑的死亡案件被提交法院。被告现在还必须解释，致死剂量的砷是如何进入他们最亲近、最富有的亲人体内。有些人会简单地解释说，不幸的受害者一定是吃了它。然后，他们可能会耸耸肩，再加一句：很明显，他们吃得太多了。这绝不是危言耸听。尽管砷的毒性广为人知，但在维多利亚时代，许多人确实选择吃砒霜。

一种常用来做老鼠药的元素竟然可以食用，这似乎有点奇怪。维多利亚时代的人可能一直相信著名的自然哲学家和"毒理学之父"帕拉塞尔苏斯16世纪所说的"剂量成毒药"[1]。他当然没错，但维多利亚时代的人对这种解读实在太随意了。

---

1 The dose makes the poison，用现在的话说就是"抛开剂量谈毒性就是耍流氓"。

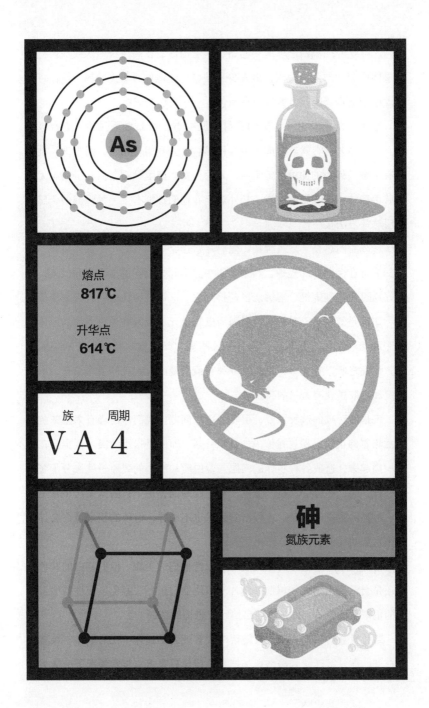

As

熔点
817℃

升华点
614℃

族　周期
V A 4

砷
氮族元素

这种吃砷现象始于奥地利的斯特里亚山区。在高海拔地区或深矿井从事重体力劳动的人们发现，摄入少量砷可以让他们呼吸更顺畅。他们将米粒大小的砒霜嚼碎或者磨碎放在面包上，一周吃两三次。

这些人发现砒霜让他们的身材膨胀一点，看起来更强壮，更有吸引力。没过多久，它就被当成了美容用品。女人开始使用它，因为这让她们拥有了极具魅力的曲线。每个人，无论男女，都因砒霜而拥有了完美无瑕的肤色和浓密有光泽的头发。从外观上看他们都拥有了一种强健的美感，随后这种方法很快传遍欧洲。

制造商们热衷于趁机赚钱，他们开始在肥皂和洗面奶中加入砒霜，并将其溶解在保健品和提神饮料中。那些买不起含砒霜的美容产品的人，就只好通过浸泡苍蝇纸、溶解老鼠药得到它。这可能会让他们看起来很棒，但一切都是幻觉。清澈的肤色是因为砒霜杀死了导致各种斑点的病原体。肿胀和美丽的曲线是水肿，这种体液积聚实际是健康状况不佳的早期表现。头发之所以有光泽，是因为砷和它最喜爱的元素硫的紧密结合，本来头发和皮肤里就有大量的硫。

正是砷对硫的这种喜爱，引发了这些问题。我们体内含有大量的硫，这意味着砷很容易积累在体内。日积月累，即使是很小的摄入量也会在体内积攒起来，造成各种各样的问题。蛋白质和酶中的硫原子就像分子魔术贴一样，使这些分子保持一定的形状。在砷的作用下，酶就无法正常工作了。不同的酶受到影响，表现出的症状也不一样，但砷的积累最终会导致人体重要功能的丧失，最终死亡。

斯特里亚那些吃砷的人无法永远保持他们的美貌。他们苍白的肤色最终还是会演变出黑斑和粗糙的鳞片。即使他们想办法避免了慢性砷中毒造成的更严重的影响，但最终还是招致了恐怖的结局。

斯特里亚的墓地有限，只能暂时收容死者的遗体。死后数年，坟墓会被打开，骸骨被转移到藏骸所，把坟墓留给后来人。正常情况下，微生物

会将尸体分解，但人体中大量的砷会杀死这些微生物。中欧流传着一则恐怖故事——在坟墓中发现了保存完好的尸体。而砷可能就是不死族传说的原因所在，为一系列恐怖故事添砖加瓦。

34

Se

硒
臭鬼

　　我们都有一些非常喜欢的朋友，但他们强烈的个性让我们只能与他们偶尔相处。与他们相处时间太长，就会开始怀疑当初为什么要跟他做朋友，但许久未见，又甚是想念。硒就是这样一个朋友，点到为止就好。

　　硒与硫关系密切，因此很容易扮演类似的化学角色。含有硫原子的氨基酸（半胱氨酸和甲硫氨酸）对我们的健康至关重要，它们也可以在相同的位置容纳硒原子，但它们的行为方式并不完全相同。含硒的氨基酸参与构建了一些非常重要的酶。一种是脱碘酶，它促进甲状腺分泌激素。另一种是谷胱甘肽过氧化物酶，它保护我们免受一种微小但重要且永远存在的威胁。水里天然存在有极微量的过氧化氢，这些过氧化物分子在人体内会形成危险的活性氧，含硒的谷胱甘肽过氧化物酶可以在过氧化物惹出麻烦之前就将它们分解。

　　硒的重要性最能体现在你缺乏它的时候。硒与生育问题密切相关。血液中的硒含量与免疫也存在相关性。克山病会导致心脏衰弱，大骨节病会导致关节变形。这两种疾病都与缺硒有关，因为缺硒会削弱免疫系统，使病原体更容易进入人体。是否感染艾滋病病毒也可以通过血液中的硒含量

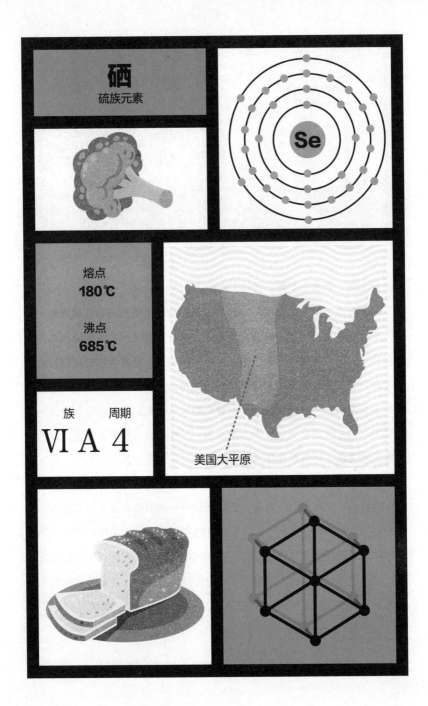

硒
硫族元素

Se

熔点
180℃

沸点
685℃

族　　周期
VI A 4

美国大平原

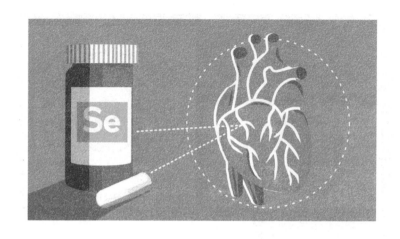

来进行检测。硒水平下降，预后[1]较差。

　　硒在全世界的分布并不均匀，中国克山地区土壤里的硒含量极低，美国大平原则富含硒元素，欧洲大部分地区处于两者之间。既然硒元素的分布如此不均匀，那么补硒似乎是一个极好的建议。吃富含硒的食物肯定有助于血液和含硒的酶处于最佳状态。我们每天从面包、西兰花、巴西坚果和其他很多食物中获得硒。在一些缺硒的地区，人们还将硒添加到饲料和肥料中。你可能还想要增加个人摄入量，但在你急着吞下从附近食品店里买来的硒之前，有些事你必须知道。

　　虽然硒和硫非常相似，但也存在很重要的区别。我们体内约有140克硫，而我们对硒的耐受度要比硫低一万倍——硒的单日最大推荐摄入量是450微克，再多就过分了，你的身体会把多余的硒转化成挥发性化合物，通过呼吸和出汗排出体外。你周围的人和你最亲密的人会是第一批注意到你出现硒中毒的人，因为迹象很明显——口臭和体味，这是再多的肥皂和牙膏也无法消除的。所以你没必要吃太多硒去体验这样的麻烦。

1　Prognosis，医学名词，指根据病人当前状况来推估未来治疗后可能的结果。

永斯·雅各布·贝采里乌斯于1817年发现了硒。在提取硒元素以及对它进行鉴定的过程中，释放出不少令人不适的气体，以至于他的管家跑到雇主那里，抗议这种糟糕的气味。不明真相的管家谴责贝采里乌斯吃了太多的大蒜——一种富含恶臭硫化物的植物。

硫和硒同属第六主族，它们也因能产生惊人恶臭而著称。奥利弗·萨克斯年轻时是一位充满热情的业余化学家，在对它们的一些化合物进行了难以忘记的实验后，给它们起了个绰号"臭根"。他如此描述道："如果说硫化氢的气味很难闻，那么硒化氢要难闻一百倍，那是一种难以形容的可怕，令人作呕的气味简直让我窒息、流泪。"

如果这种气味还不足以警示人们摄取硒应该适量，那就告诉你更糟糕的事情：过量的硒还会导致头发和指甲脱落、神经受损。这是一个臭气熏天的提醒，你应该珍惜当下的美好。

35

溴
安眠药

溴有一种复古感，可能是因为它的颜色，也可能是因为 20 世纪初世界大战时一个关于它的故事。溴有过辉煌的几十年，然后就像一个年迈的明星一样，逐渐淡出大众的视线。

在 1940 年的百老汇音乐剧中，溴的名声达到了顶峰。罗杰斯和哈特的专辑《乔伊伙伴》（*Pal Joey*）中有一句歌词提到了溴苏打水，这是一种广为人知的治疗失眠和过度紧张的药物。这首歌叫《着迷，烦恼和困惑》（*Bewitched, Bothered and Bewildered*），虽然这是一个关于女人迷恋年轻男人的故事，但歌名也很适用于歌词中出现的溴。

溴的迷人之处在于它具有非典型性特征。只有两种元素在常温常压下是液态，一种是汞，另一种就是溴。溴的颜色很浓郁，在所有的纯态元素里非常罕见。它那浓郁的橙褐色就像浓稠的墨鱼汁，增加了周围环境的古典范。但是，在温暖、暧昧的怀旧感笼罩你之前，你需要考虑一下歌名中的"烦恼"部分。

溴是卤素家族的成员之一，和其他兄弟们拥有一个共同的特征——氟和氯的破坏能力是众所周知的，而溴继承了家族传统，尽管它的知名度远不如它的两个兄长。像其他卤素一样，溴需要一个额外的电子来让它的最

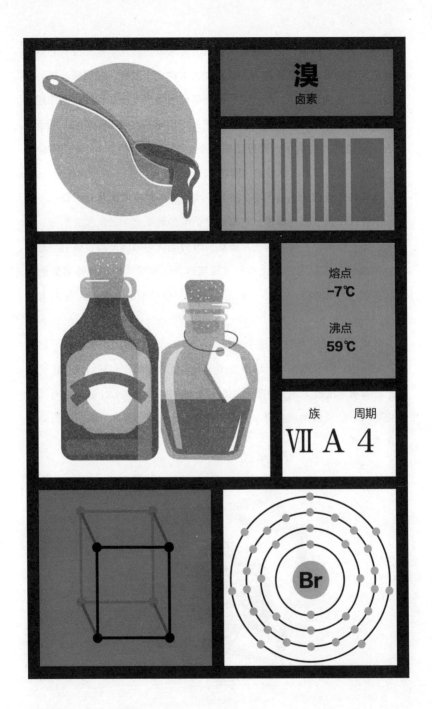

溴
卤素

熔点
-7℃

沸点
59℃

族　周期
ⅦA 4

Br

外层达到饱和。然而，它比氟或氯更大、更笨重，而且溴根本没有兄弟们那种决定性的对电子的拖拽力。虽然能力不在一个级别，但如果谁想要轻率地闻或者喝纯溴的话，溴会对他的肺部和喉咙产生破坏性的腐蚀作用。而与金属结合生成溴化物之后，情况就大不相同了。溴化物里的溴原子已经有了完整的外层电子，野兽已被驯服，尽管它仍然会对人体有明显影响。因此，歌名的第三部分是"困惑"。

溴有好几点都让人很困惑。首先，溴通过压制性欲而获得了极高的名声。不管这个观点出自哪里，它都启发了维多利亚女王的医生查尔斯·洛克克爵士，他推荐使用溴盐治疗癫痫，因为他认为癫痫是由自慰引起的。他给癫痫病患者服用的溴化物粉末确实改善了病情，但原理并非如他所想。因为溴化物本来就是一种镇静剂，它可以抑制导致癫痫发作的大脑活动。

洛克克在 1857 年提出这个建议。尽管有越来越多的证据表明溴化物存在副作用，但依然有越来越多使用溴的治疗方案出现。它们被当作安眠药，还被用来解酒。到了罗杰斯和哈特为他们的音乐剧创作歌曲的时候，溴化物粉末已经被批量生产、装箱，并被冠以"溴苏打水"的名字提供给大众消费者。

要产生所需的镇静作用，需要相当大量的溴化物。而且，虽然溴离子容易被人体吸收，但它却不愿意离开。清除体内一半的溴化物需要9—12天。如果一个人定期摄入几克溴化物，很快就会达到毒害剂量。"嗜溴主义"成为一个大麻烦。因为溴导致的症状包括嗜睡、口齿不清、抑郁和精神错乱，很难致命，但肯定会使人虚弱。在世界大战期间，英国士兵在茶里加入溴化物的传说不太可能是真的。让军人"迷惑，烦恼和困惑"是不明智的。

溴化物粉剂几乎已完全被更安全、更有效的镇静剂取代。现在，溴已经淡出人们的视线。然而，一些人仍在追求过去的时尚。

20世纪40年代，明星们称颂溴苏打水的照片是用溴化银胶片拍摄的。光线从物体反射出来，照到胶片上，将溴化银里的银分离出来，留下深色的金属印迹。在暗室里，被释放出来的溴化物和未反应的溴化银一起被洗掉，得到底片。虽然现在数码摄影已经占据主导地位，但有些人更喜欢溴化银产生的图像。《迷惑，烦恼和困惑》的封面在21世纪仍在印制，溴和溴盐依然在发挥着作用。

铷
不速之客

你知道吗？有些家庭里每个成员都有世界级的才华。妈妈是脑外科医生，老大的公司刚刚起步就赚了一百万，老二是舞蹈家并获奖无数，最小的孩子是一个很有前途的大提琴家。然而，在这个天才之家里还有一位我们还没提过——那个平凡的、没有丝毫亮点和天赋、与很多人一样想办法混日子的家伙。铷就是这种。

铷是著名的碱金属元素家庭的普通成员。它总是被那些成绩斐然的兄弟们所忽视或掩盖。或许情况稍有不同，它可能就会像它的兄弟们一样家喻户晓。然而，铷似乎一直在等待一个永远不会到来的机会，在稍显冷僻的科学领域，它已经成为不起眼的小角色。

元素周期表的每一族里，元素一个接着一个，呈现明显的规律。从上到下，每一种元素的原子都随着电子壳层的增加而变得更大，如同一层又一层的洋葱。每增加一层电子，我们可以据此对元素属性进行规律性的、可预测的修正。上下方相邻的元素有时候惊人的相似：铷和钾的相似性就非常惊人。铷也很容易失去电子，带上一个正电荷，大小也和钾离子差不了太多，可以替代钾的工作，而且做得不赖。它会赢得所有与钾元素的竞争，但二者的作用并不完全等同。

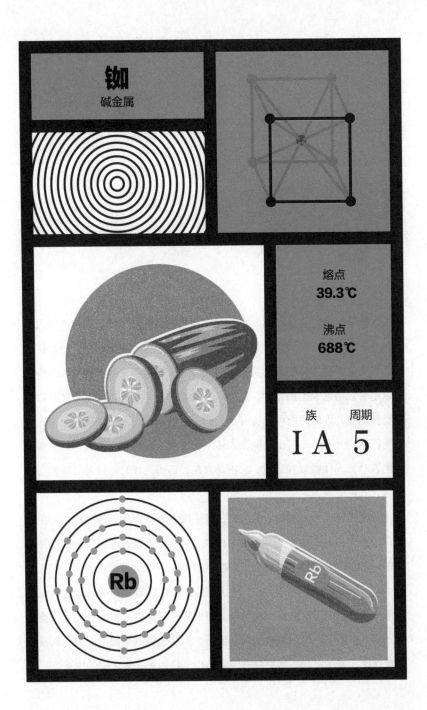

铷
碱金属

熔点
39.3℃

沸点
688℃

族　周期
ⅠA 5

Rb

生物系统是建立在不同元素的化学和物理特性之上的。钠和钾的大小刚好合适，它们之间的化学平衡刚好可以在神经中产生电信号。因为钾是如此重要，所以人体会从食物中迅速吸收钾。铷也存在于我们的环境中，所以也可以潜入我们的食物，从而进入我们的身体冒充钾。由于这种错误的身份识别，你的体内可能会有半克铷。它是人体内浓度最高的一种未知生物作用的元素。事实上，铷在人体内的浓度比在环境中要高，因为铷比钾更容易被人体吸收和留住。它不请自来，不引人注目，只是等待机会来展示它真正的能力。

铷就像聚会上未被邀请的来客，似乎没有人认识他，却混在人群中，和每个人都相处得很好。一旦进入体内，它就会占据钾的位置，取代钾的工作。它实在太像钾了，以至于你吃下去很多的铷也很难注意到。但这只是"几乎"。无钾饮食的小鼠会停止生长，但用铷替代钾可以让它们恢复正常生长，至少可以维持一段时间。如果将老鼠体内一半的钾元素替换成铷元素，它们仍然可以非常快乐地生活，但这也得有个限度。当给老鼠大量喂食铷元素的时候，如果没有钾的协助，这两种元素之间的细微差别就会变得非常明显。几周以后，只被喂食铷的小鼠变得越来越易怒，最终会因为神经电信号失调而死于抽搐。

令人惊讶的是，老鼠的身体竟然能容忍如此之多本不该出现的东西。从这里能看出铷和它那才华横溢的兄弟钾是多么地接近。只是铷非常稀有，而钾则很丰富，所以我们体内的铷并不多。如果我们的星球在形成之初铷的量更高，进化可能会走上一条非常不同的道路。我们的神经可能会使用钠和铷来产生电信号，而且，如果铷承担了通常由钾来扮演的角色，就会有其他无数的微妙变化。如果不是因为铷缺少机会，生命可能会变得完全不同。

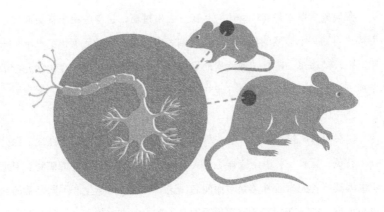

39

Y

钇
俄罗斯套娃

在瑞典雷萨罗岛（Resarö）上有一个小村庄，它本应比现在更有名。伊特比村，一个静谧的地方，元素周期表中至少有四种元素以它命名——钇、镱、铽和铒。还有四种元素的发现也可以追溯到这里。在化学元素的发现上，世界上没有其他地方能与之媲美。

这一切都从钇开始。

就在伊特比村外，有一座矿藏丰富的矿场。16 世纪的矿工在地下深处开采石英，后来长石由于瓷器工业大发展而成为商业上重要的矿物。但该矿也因其所含的岩石种类繁多而闻名，这些岩石被用于生产不同寻常的颜料和釉料。1787 年，瑞典陆军炮兵军官卡尔·阿克塞尔·阿伦尼乌斯在调查这座矿场的时候，被一块岩石吸引住了。它是黑色的，而且很重。阿伦尼乌斯对矿物学有着浓厚的兴趣，这块岩石与他之前见过的都不一样。他的偶然发现打开了一个科学领域的"兔子洞"[1]。研究的过程堪称曲折，每每看到成功的希望时，就会出现新的转折、死胡同或岔路。科学家花了将

---

1 "兔子洞"来自经典童话《爱丽丝漫游奇境记》，女主爱丽丝通过一个兔子洞进入了一个不一样的童话世界。

钇
过渡金属

熔点
1526℃

沸点
3336℃

族 周期
ⅢB 5

伊特比

雷萨罗

瑞典

近一个世纪的时间，才把阿伦尼乌斯偶然发现的矿物中所有的化学成分区分开。

阿伦尼乌斯以为自己发现的是几年前才刚刚发现的钨元素，于是将这块黑色岩石样本邮寄给了奥博大学的约翰·加多林，让他做一些正规的分析。加多林发现，不管如何提纯，都达不到钨的比重，也就是说它并不是钨。这块岩石的38%是由一种之前不为人知的物质组成的，他认为这是一种"土"，按照旧有化学的命名习惯，土指的是金属的氧化物。加多林将这种新的"土"命名为钇土（yttria），那么氧化物里的金属就是钇（yttrium）。1794年，他发表了自己的发现，虽然他尚未将钇元素成功分离出来，但还是获得了发现新元素的荣誉。为了纪念加多林，这种矿物被命名为加多林矿（硅铍钇矿，gadolinite）。将钇分离出来是弗雷德里希·维勒在1828年完成的，但这不过是整个故事的第一个转折——维勒的样品不纯。

1843年，卡尔·古斯塔夫·莫桑德尔发现氧化钇实际上是由三种不同的金属氧化物组成的——白色的氧化钇，加上黄色的氧化铽和玫瑰色的氧化铒。这些新的氧化物里产出了铽元素和铒元素。又有两枚新元素被添加到不断增长的元素周期表里，但这并没有到达纯度的终点。

几十年后，铒被证明是一种混合物，其中还含有另外三种元素——镱、钬和铥，而对加多林矿的进一步检测又发现了第七种元素——钪。每一种新元素都和上一种异常相似，只是在矿石里的含量越来越少。这些元素似乎就像俄罗斯套娃一样被藏在加多林矿里。最后，最稀少的新元素也被发现了，它被命名为钆[1]，这是在1880年通过光谱分析发现的。

正是因为这些元素的化学性质如此相似，所以它们在岩石里通常都凑在一块。这正是它们难以分离的原因，也是它们所在家族的共同特征。这个家族就是所谓的"稀土"族，包括17种外观相似的金属元素。在元素周期表主体的下面，有15个元素排成了一个长列（镧系元素），再加上另外两种元素——钪和钇，这17种元素的化学性质都是相似的。

尽管它们的特征非常相似，每种稀土元素还是有其独特的个性，这让它们开拓出了各自的商机。比如，钇和铝、氧一起形成的石榴石，可作为伪钻石[2]和高能激光器的核心。你可能认为，詹姆斯·邦德[3]的死对头会利用这种技术来统治世界。尽管听说过钇元素的人可能很少，但它帮助我们发现了元素周期表里一个全新的分支，并使全球重要技术的发展成为可能，从LED、电池、超导体到癌症的治疗，都能找到它的身影。钇可能在一生中有个并不引人瞩目的开始，但它自己的表现也不坏。

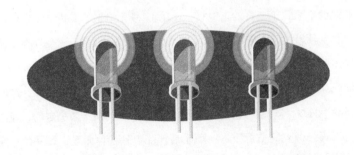

1 钆元素以加多林（Gadolin）的名字来命名的，因其在加多林矿中被发现。

2 20世纪70年代，石榴石因为折射率高被用于合成宝石，包括钻石近似物，后来被更先进的氧化锆技术取代。

3 007系列电影中的主角。

锝
怪物

1936年，一位科学家和他的助手正在实验室里搜寻其他人实验的碎片。他们对自己的研究活动不得不犹豫再三，因为他们有了一项重大发现——用其他元素的碎片制造新元素的秘密。他们带到世上的人工元素非常不稳定，难道他们创造出了一个怪物吗？

两位科学家是埃米利奥·塞格雷和卡洛·佩里尔，他们是物理学家，也是元素猎人。20世纪早期的元素周期表有一些明显的空白。其中有一个特别刺眼的空洞位于表格的正中央，就在42号元素钼的旁边。元素周期表之父德米特里·门捷列夫在19世纪中期就预言了43号元素的存在。他甚至描述了它应该具有的特性，但没有人能够找到它。

随着对原子和元素理解的深入，人们开始展望人工元素的设计，这似乎已经唾手可得。既然每种元素都是由其原子核中的质子数决定的，理论上就可以通过调整其质子数将一种元素转变为另一种元素。如果找不到43号元素，也许能人工制造出来。问题是怎么做。

塞格雷在加州的劳伦斯伯克利国家实验室拜访欧内斯特·劳伦斯时偶然发现了答案。劳伦斯正在向他的客人展示一件新设备：回旋加速器，或称原子加速器。这台强大的机器可以用较轻的原子去轰击较重的原子，以

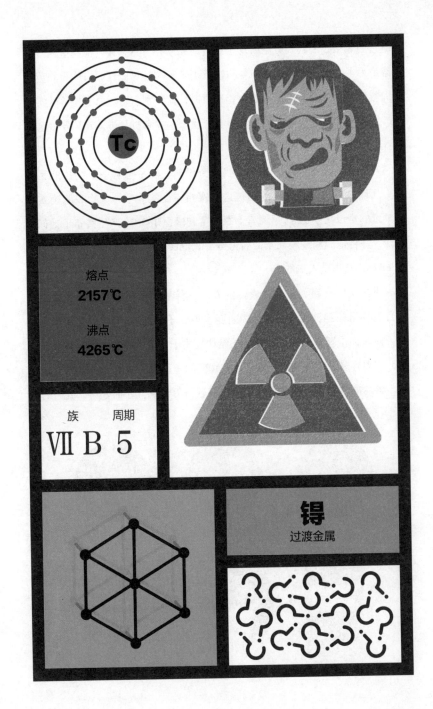

期望它们能粘在一起。劳伦斯对于制造新元素并不感兴趣，他制造回旋加速器是为了其他研究计划，但塞格雷意识到了这种可能性。当他得知劳伦斯机器里的一些可更换部件是由钼制成时，他特别兴奋。原子粉碎的实验会产生各种各样的碎片，如果其中有个质子，找到机会进入钼原子，会不会将其转化为失踪的43号元素呢？

为了避免透露太多，塞格雷找到劳伦斯，表示想看一下扔掉的钼废料。几周以后，几条破碎的钼被送到塞格雷的实验室。分析表明确实存在微量的难以捉摸的43号元素。塞格雷和佩里尔在1937年宣布了他们的发现，并将他们制造的元素命名为锝（technetium），这个名字来自希腊语technkos，意思是人造的。

现在我们找到了一种合成锝的方法，科学家需要知道它为什么没有在自然界里找到，而答案来自锝自身。锝原子里的43个质子并不稳定。为了使它们重新排列成更加稳定的结构，质子、中子和能量都会被强制丢弃。它太容易衰变成其他元素，并在衰变的过程中释放出放射性粒子。

锝的同位素以不同的速率衰变，从数百万年到几小时不等。几百万年

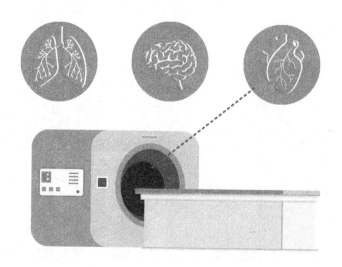

前，地球最初形成时存在的所有锝原子都衰变成了钼。地球的岩石和土壤里还能找到极其微量的锝元素，它们来自地质事件和自发的核反应。

人类利用核能，当然是为了自身。现在锝作为乏燃料棒的副产品，被成吨地制造出来。科学似乎释放出了一个怪物，会给世界带来浩劫。但是，就像玛丽·雪莱[1]科幻小说里的生物一样，我们不应该只看其表面。

锝的特性也不全是负面的。锝的一种同位素——锝-99在衰变的数小时内会放出伽马射线。辐射残留能量低，存在时间短，这让锝-99对人体相对安全。释放出的伽马射线会很快逃逸，但可以依靠它找到辐射位点。小剂量的锝-99可帮助构建心脏、脑或其他组织的 3D 影像，而无须手术，目前已被用在无数临床诊断中。

在我们的世界之外，锝每天都在"特殊恒星"[2]中产生和衰变。在地球上，它在于实验室和反应堆产生的废料和残渣中，存在于在科幻小说中。

1　19 世纪英国小说家，曾著有科幻小说《科学怪人》。

2　指氢和氦以外的元素丰度较高的恒星。

银
谄媚者

　　我们人类都有虚荣心，我们喜欢被赞美。我们装饰自己的身体和周遭的环境，希望给人留下良好的印象；我们会照镜子，看看自己是否状态绝佳；我们拍照是为了让别人记住自己。银，也许比其他任何元素都更能迎合我们的虚荣心。它可以映出我们的身姿，点缀我们的生活。人们很看重白银，因为它可以满足我们的虚荣心。

　　求知欲鼓励人们去发现。但如果不是被巨大财富所诱惑，很难相信是否会有那么多人劳心费力去探索南美洲最深、最黑暗的角落。黄金国和银山的故事吸引着欧洲人逐渐深入美洲大陆。虽然发现了大量的黄金，但传说中黄金遍地的隐秘之城却依旧是一个神话。不过，银山却被证明是真实存在的。这座"富饶之山"位于玻利维亚南部，在1545年被偶然发现。这里的白银储量非常高，在两个多世纪的时间里，占世界银供应量的80%，至今仍在开采。

　　虽然有几种元素以它们的发现地命名，但银却给自己的产地命名。阿根廷是银山故事的起源，这个国家名字的意思就是"由银制成"。普拉塔河是阿根廷和乌拉圭边界的一部分，它被翻译成"白银之河"，因为从这条河输出的白银涌入欧洲，被制造成货币、餐具和药物。

Ag

玻利维亚

普拉塔河

熔点
962℃

沸点
2162℃

族　　周期
ⅠB　5

银
过渡金属

用银铸造的硬币从物理层面体现了它的价值，它能避免日常使用中遇到的磨损。银被用来制成装饰品，可以彰显拥有者的财富和品位。把它打磨成光洁的镜子，人们用它凝视自己，根本停不下来。银对可见光的反射性很好，所以看起来是近乎纯洁的银白色。这种反射率仅仅在紫外线波段略有下降，因而产生一种温暖的淡黄色调，这正是我们最想要的。

在一系列化学物质的攻击下，银依然能保持它的光泽，但它并不是一点反应性都没有，只是很难被制成有用的化合物。事实上，这些化合物已经通过很多方式来满足我们的虚荣心。这些含银的化合物不是在镜子中提供短暂的反射，而是永久地固定图像。含银化合物接收到人脸上反射出的光，被还原为纯银。他们明亮的脸颊和暗淡的笑容被铜板的银记录下来。这种达盖尔银版摄影技术后来用玻璃取代铜板，给我们留下了大量用来记录富商和名流的底片。银幕之所以叫银幕，是因为在赛璐珞上覆盖了一层含银化合物，它们记录了被数百万人崇拜的明星的身影。

含银化合物还有其他作用。从中世纪一直到 20 世纪，硝酸银的别称是"苛性之月"[1]，用来除去疣。但银对人体健康的帮助不仅仅是美容：银对于人类的毒性相对较低，但对细菌和病毒的杀伤力非常明显。

据说，波斯国王居鲁士大帝无论走到哪里，都会随身携带自己专属的水。水是专门筛选的泉水，煮开后放在银质器皿里[2]。在很多井底发现了古代银币，这种行为可能存在依据，而不是一厢情愿的习俗。如今，银颗粒被嵌入医疗设备的塑料里，比如静脉注射管和导管，目的是防止感染。

银不会做错事，但人类有时会受到蛊惑。有人被银的抗菌特性迷惑，吞食了含银物质，甚至过量，继而导致了银质沉着病，也叫银中毒，患者的皮肤和眼睛会因为银沉积而变成蓝灰色。这种病从表面上看非常独特，

---

1 Lunar Caustic，因为银被炼金术士与月亮联系起来。

2 传说居鲁士大帝只喝"乔斯佩斯河"的水，他的军队备有大批装有开水的银器的马车。

而且症状持续较久，但并不致命。

银的魅力也会让人堕落。无论是寄予电影或写真的成名渴望，还是号称可以包治百病的灵丹妙药，或者仅仅因为三十块银币就可以把每个人都明码标价[1]。

---

1 根据《马太福音》的记载，犹大因为30块银币，出卖了耶稣。因此"三十块银币"的说法常用于文学和演讲中，指代为了个人利益而牺牲信任、友谊或忠诚。

锡
合作精神

　　锡是一名出色的团队合作者。与其他金属合作，它可以实现
1＋1＞2的效果。它一直是人类进步的组成部分，会放大其他金属的优
点。但是，锡本身很脆弱。如果锡被提炼出来，与其他元素分开，它很容
易分崩离析。

　　五千多年前，人类发现将锡加入铜里，可以制造出一种更加坚硬耐用
的金属——青铜，而这是之前单独使用其中任何一种金属都无法做到的。
这种合金定义了人类两千多年的历史。青铜时代改变了人类社会，新的技
术、新的贸易路线不断形成。添加额外的金属，并改变铜和锡的比例，可
以生产出一系列性能各异、适用于不同需求的青铜。那些掌握了原材料，
又懂得生产和加工青铜的地方迅速发达起来。

　　在欧洲青铜时代末期，有一个叫迈达斯的人，他继承了位于今天土耳
其的弗里吉亚王国。1957年，人们发现了一座墓穴，里面存放着被认为是
点金术之父的迈达斯国王的骸骨。陵墓里有170件青铜器和几十件装饰性
的青铜制品。弗里吉亚盛产铜，还有大量的锌，这些锌可以使青铜呈现出
金黄色。

　　青铜时代被铁器时代所终结，但锡对人类进步的贡献远未结束。15世

锡
第四主族元素

熔点
232℃

沸点
2602℃

族　　周期
ⅣA 5

Sn

纪，德国印刷匠、出版商约翰内斯·古登堡想到一个绝妙的主意——他制造了可以重复使用的单个字母块，这样就可以印出几乎所有的文字组合和印刷品。这些字块必须足够软，以雕刻出字母与符号，但又必须足够坚硬，让字母在多次印刷后仍然清晰。铅太软，但加入锡和少许锑就能增加它的韧性。由此生产的"金属活字"比青铜更容易加工，比过去的木头和黏土更有弹性。1439 年，古登堡成了欧洲第一个使用活字印刷术的人。新的印刷技术将印刷生产以及信息传播推到了前所未有的规模。

　　锡已经显示出它的工业和文化价值，但它还有更多贡献。它是所有金属里音调最和谐的，这意味着锡钟的音色最好。高纯度的锡被用来制造钟和教堂里的管风琴。但这种金属已经达到了它自身的极限，它还是希望与其他金属合作。纯锡有两种形态，有金属光泽的"白锡"或"β-锡"，易碎的"灰锡"或"α-锡"。二者之间会在 13 摄氏度时发生转变，这时候会听到噼里啪啦的声音，我们可以更感性一点，称之为"尖叫"或"哭喊"。当管风琴遇到了北欧凛冽的寒风，会出现爆裂声。由于对金属的原子结构一无所知，当时的人们将此归咎于魔鬼。要解决这个问题，祈祷不是办法，而是给锡想要的东西——同伴，通过添加另一种元素，降低锡的转变温度或完全制止这种转变，从而治愈"锡疫"。

虽然锡的脆弱性广为人知，却没有妨碍另一项技术的进步。可以延长食物储存时间的技术非常有价值。把食物完全密封起来，远离空气和微生物的污染，是一种解决方案。金属罐是密封食物的优良选择，而锡可以在很低的温度下熔化，容易加工进而封存食物。纯锡罐在大多数情况下不会引发任何问题，但把它们带到极寒的南极，可能导致了斯科特南极探险的灾难。

尽管遇到了挫折，锡仍然没有停止推动人类发展。有了锡与铅的合作，20世纪的电子革命才成为可能。它们联手制造出焊料，正是这些焊料将电子元器件连接成常见的复杂的电子设备。锡及其化合物和合金还会继续找寻新的领域并大显身手。谁也不知道未来怎么样，也许锡知道。

51

Sb

锑
有毒的圣杯

传说在很久很久以前，有一个叫巴西利乌斯·瓦伦丁的修道士，他想寻找传说中的"哲人石"。他的方法之一是使用一种不寻常的物质——锑。据记载，锑粉是一种常用的药物。也许瓦伦丁希望它也可以治愈金属，清除掉它们的杂质，显现出其中的纯金。

遗憾的是，瓦伦丁的实验并没有产出黄金，这并不令人意外。这位修道士一怒之下把他失败试验的渣滓扔进了猪圈，猪在那里狼吞虎咽地吞下了他的错误。结果这些不幸的猪得了重病，但后来它们恢复了健康，甚至变得更胖了。瓦伦丁没有找到哲人石，却以为自己发现了一种神奇的滋补药。于是他将锑放进了其他修道士的食物里，结果他们都生病了，但并没有像猪一样奇迹地康复，他们都死了。据此，瓦伦丁的神秘物质被称为锑（Antimony），意思是"反修道士"。

尽管同伴们死了，瓦伦丁还是留下了《锑的凯旋车》（*The Triumphant Chariot of Antimony*）一书，歌颂锑这种不可思议的元素的诸多特点和益处。这本书从德语被翻译成好几种欧洲语言，鼓舞人们创作出更多的关于瓦伦丁和神奇的锑元素的文学作品。后来有人揭露，这本书的真正作者是一位德国化学家、盐商约翰·索尔德。他自称找到了一些修道士的拉丁文

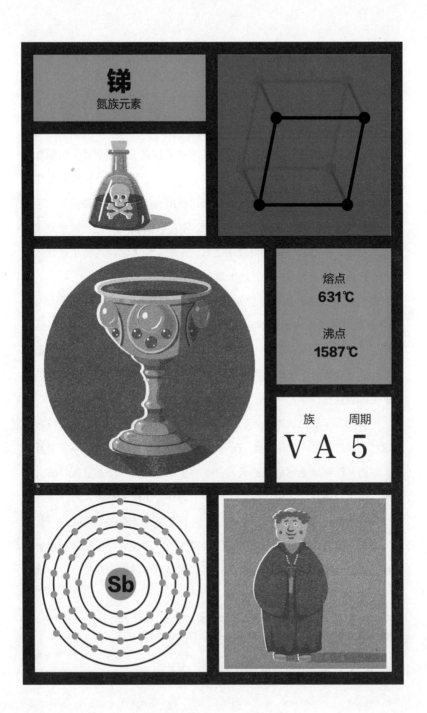

锑

氮族元素

熔点
631℃

沸点
1587℃

族　周期
V A 5

Sb

手稿，只是把它们翻译成了德语[1]。尽管并不是所有人都被骗了，但为时已晚，17世纪锑的流行正当其时。

虽然瓦伦丁的故事不是真的，但这还是揭示出很多关于锑及其令人不快的性质在过去是如何与人类健康相契合的。在19世纪细菌理论发展起来之前，人类的健康一直被认为是由四种体液控制的：黑胆汁、黄胆汁、血液和痰。任何一种体液过多或过少都被认为会导致疾病，而疾病的症状取决于哪一种体液失调。特殊的饮食可以帮助身体调整某一种体液，这样就可以恢复平衡。其结果就是引发出血、呕吐以及消化不良的饮食方式风靡数个世纪，所有的一切都以健康之名。于是，使人呕吐的物质被认为是一种有价值的药物，所以按照这个逻辑，锑是很有价值的。

在当时，众多名流都迷信锑疗法，并高调宣称许多戏剧性且引人注目的康复结果都归功于锑的治疗。有些人死于锑，通常也都归因于过量服用。对于这种元素及其化合物的医学疗效，人们的分歧很大。有"崇锑派"和"反锑派"。当局认为风险太大，禁止食用含锑药物，但并不是每个医生都遵守法律。

也许是为了绕过法律，人们想出了一种应对监管的方法。一种特殊的白镴杯被制造出来，但在白镴[2]合金中加入了大量的锑。现在，不需要开处方、吃药，任何感觉不舒服的人，只要有个白镴杯，可以在里面装满白葡萄酒，喝上一整夜。酒中的酸会溶解杯中的锑，生成一种强效的锑溶液。第二天早上，进入身体的锑会引起呕吐，据说这可以消除疾病。

今天，随着人们对疾病和锑在元素周期表中的位置有了更好的理解，这种元素令人不快的特性就不足为奇了。你不可能将疾病吐掉，一种物质

---

1 很多关于炼金术的书籍都以瓦伦丁的名义出版。现代学术研究表明其中一位作者是索尔德，但还有其他人参与其中。索尔德以瓦伦丁的名义出版了五本书。

2 白镴（là）是金属合金，由锡（85%—99%）、锑（5%—10%）、铜（2%）、铋和银组成，从古埃及时代到近代，被用于装饰品。

可以引起如此极端的生理反应，就是它与健康不相容的明显标志。锑在元素周期表里的位置也是一个警示信号。你不能总是根据一种元素附近的同伴来判断它的性质，但锑可以。舒服地躺在氮族元素最中间的锑正是砷的大哥。它与有毒的兄弟们有相似的特征，但被夸大了。在 16 世纪和 17 世纪，锑所带来的财富和医疗效益实际上是一个有毒的圣杯。

碘
雨神

有人说，需求是发明之母。战争常常是技术突飞猛进的必要条件。战时，科学家和工程师们被召集起来，发挥所长，让己方占据战场优势。众多的专家开展交流与合作，促成了一个极其多产的科学环境。虽然他们的眼睛总是盯着奖项，但在这些狂热的科学活动中，可能会诞生一些奇妙的副产品。

彼时欧洲陷入战火，拜一个想要统治欧洲大陆的人所赐，提升火力的任务被摆在科学家们面前。法国化学家贝尔纳·库尔图瓦响应了国家的号召，在有限的预算和资源下，他取得了一个不仅能让士兵获益，还能让成千上万的普通人受惠的成就。

1811 年，拿破仑战争席卷了整个欧洲。英国海军封锁了法国，切断了用于制造火药的硝酸钾的供应。因此，制造硝石的家庭手工业在法国兴起。腐烂的粪便和内脏（提供硝酸根）与土壤和灰烬（提供钾离子）混合，用于制取硝石（硝酸钾）。库尔图瓦是位于巴黎郊区的硝石制造商。他决定寻找钾的其他来源，于是选择了海藻，因为它既便宜又丰富。库尔图瓦把海藻放在水中煮沸以提取氯化钾。他实现了主要目标，但实验还产生了一个额外的发现。

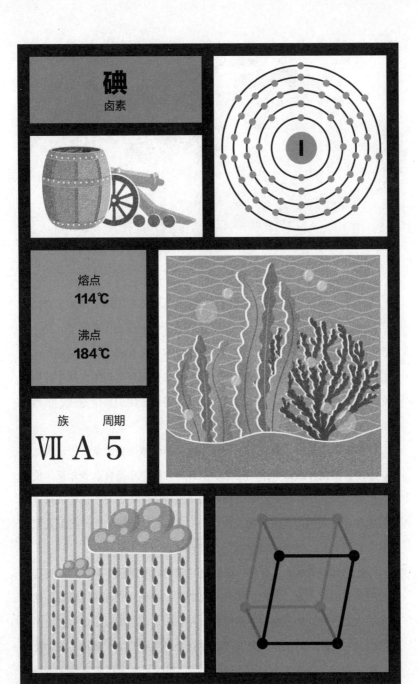

碘
卤素

熔点
114℃

沸点
184℃

族　周期
VII A 5

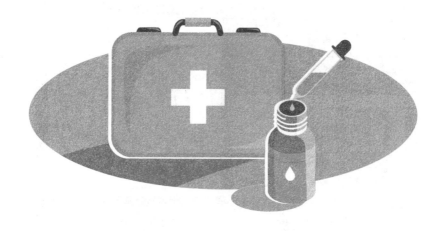

　　有一天，他在海藻提取物的残留物中加入了硫酸，锅里冒出了奇怪的紫色烟雾，库尔图瓦吃了一惊。化学家必备的好奇心让他重复了实验，这一次他捕捉到了紫色的烟雾，并将其浓缩成有金属光泽的黑色晶体。在当时，紫色是一种极其难得的颜色，没有人从某种类似金属的东西中看到过紫色。这是一个惊人的发现，结果引发了一场小范围的科学论战，虽然这相比于主战场来说只是一个插曲。

　　库尔图瓦确信自己发现了一种新元素，但他缺乏实验条件去证实这一点。于是，他把样品邮寄给其他化学家进行分析。1813年，查尔斯·伯纳德·德索梅斯和尼古拉·克莱门特向法兰西帝国学院提交了他们的调查结果。这种奇怪的物质也被法国人约瑟夫·盖－吕萨克确认为一种新元素，他以希腊语iodes（意为"紫罗兰"）将它命名为碘（Iodine）。

　　与此同时，英国人汉弗莱·戴维也对碘的样本进行了测试。戴维是一位颇受尊敬的化学家，即使在英法交战期间，他也被允许访问法国，他也证实了这是一种新的元素，并将他的报告发回了伦敦的皇家学会。英国人不知道盖－吕萨克的工作，把发现这种元素的功劳归于了戴维。关于是谁第一个发现碘的争论一直持续到1913年，那时所有人终于承认了盖－吕萨克和库尔图瓦的贡献。接下来，人们几乎花了同样长的时间才认识到碘的好处。

1908年，安东尼奥·格罗斯奇在一次外科手术中使用了碘酊——一种碘的低浓度溶液。这证明碘具有快速杀菌能力。后来，在1912年的意大利-土耳其战争中，它被大规模地用于士兵伤口的消毒。

碘最初在军事上主要用于防御，保护部队免受感染。但它的"进攻能力"在试验的时候和这种元素一样，极不寻常。碘化银晶体已被用于人工降雨。降雨似乎并不危险，也没什么侵略性，但最初这一办法是想把敌人淋个通透，让他们的坦克和部队陷入泥沼。英国人在1949年至1952年间进行了代号为"积雨云行动"的测试。一个广为流传的说法：其中的一次行动导致了1952年8月15日林茅斯的毁灭性大洪水，尽管没有足够的证据可以证明这一点。

今天，碘继续着它的"军事行动"，但对手变成了营养不良和癌症。碘盐被添加到食物中，以预防缺碘导致的出生缺陷和甲状腺肿大，后者在英国被称为"德比颈"，因为德比地区的土壤碘含量低，患者较多。另外，癌症患者还可以服用碘的放射性同位素，它们聚集在甲状腺中，摧毁那里的癌细胞。碘终于在战争与和平中找到了自己的位置。

钡
医学奇迹

钡会引起一些问题，但这并不意味着它会造成严重的损害。它的内在只是一个天真的傻孩子，就像《人鼠之间》[1]里的莱尼一样，钡在生命中不断犯错，没有意识到自己身形巨大，也没有意识到其行为的后果。在故事中，莱尼有乔治在他身边，让他远离麻烦，而在现实中钡有硫酸盐。

很多人都是从钡餐听说的钡元素。在世界各地的医院里，有人每天都要喝上满满几杯这种元素，但它却一点营养都没有。在许多方面，这种元素跟它的同族兄弟钙元素很像，但钡更大更笨重。

在钙的众多生理作用中，有一个是调节钾的作用——钾在细胞内外进进出出，是电信号的发生器。与钙同族的钡也在同样的化学路径上跌跌撞撞，看起来碍手碍脚。它可以阻断钾离子离开细胞的通道，使钾被困在细胞内，无法产生保持身体协调的信号。钡的笨手笨脚会间接导致心律不齐、焦虑、颤抖、呼吸短促和瘫痪。医生永远不会冒险使用可能引发问题的东西，这恰好就是硫酸钡的用武之地。

---

1 美国作家约翰·斯坦贝克的中篇小说，于 1937 年出版。故事主人公莱尼是个大个子，一身蛮力，却接二连三地惹麻烦，他的朋友乔治个子矮小，为人精明，有一定的生活经验。这两个美国流动农业工人一贫如洗，相依为命。

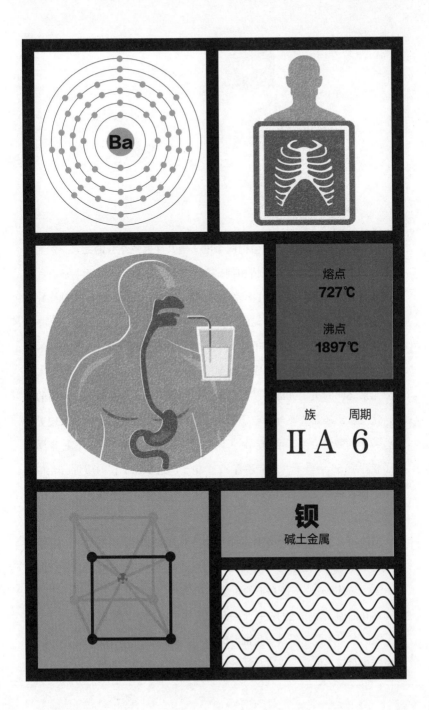

Ba

熔点
727℃

沸点
1897℃

族　周期
ⅡA 6

钡
碱土金属

钡和钙一样慷慨大方，会把两个电子给其他愿意结合的元素。然而，并不是每个朋友都会与钡深情相拥，有些甚至会把钡引入歧途。还有些搭档根本无法握紧钡，无法阻止它走失并陷入麻烦。但钡和硫酸根是好朋友，他们是如此般配，几乎无法分开。这对情侣无论什么情况下都会在一起，甚至在你体内消化系统的酸碱中，它们仍然牢不可破。在硫酸根的保护下，钡那持重的性格反而成了优点。

元素之间的决定性区别就是质子数，而要形成一个完整的、平衡的原子，这些质子还需要额外的电子和中子。当你在元素周期表中逐次搜寻，这些粒子的数量会逐渐增加。到了钡的时候，就有点麻烦了。这种金属的原子核里有 56 个质子，通常还有 82 个中子。这个原子核的质量已经相当大了。而且在原子核外还有 56 个电子将其围绕得水泄不通，让人无法忽视其存在。

当使用 X 光时，一些额外的阻隔物会对你的安全大有帮助。一个原子携带的电子越多，它就越容易吸收 X 射线的高能冲击。这就是为什么拥有 82 个电子的铅——一种真正的重量级物质，会被用来制造屏障，让放射技师站在后面，保护他们在日复一日的工作中不受 X 射线的伤害。

钡的名字来源于希腊语里的"barys"，意思是"重"，相比之下，它应该属于中量级。但是，它有足够的体积来吸收 X 射线，并显示出你消化系统那黏糊糊的轮廓。钡是消化系统检查中口服造影剂的理想成分。吞下含铅化合物的溶液可以更有效地显示你内脏的轮廓，但它的毒性会杀死你。我们的身体，至少从化学角度来说，在硫酸钡通过时几乎完全感受不到它的存在。在大多数情况下，生物体是忽略钡元素的，但也有例外。

有一类生物——鼓藻，它们离开钡就活不下去。鼓藻很小，但聚集起来相当壮观。这种微小的、绿色的、雪花状的生命可以长到一毫米大小，其特征是它们的分体式结构。它们都有两半，连接在一个藻腰上。每一半可能呈球状、针尖状、扁平状或多节状，但它们的末端都有充满液体的囊袋，不溶性的硫酸钡晶体和其他液体一起在其中晃动着。虽然这些硫酸钡晶体与周围环境不会发生化学反应，但它们受到周围水分子的冲击后会不断地移动。这些晶体的确切用途尚不清楚，有一种理论认为，很重的钡元素让晶体成为一个小型重力传感器，帮助鼓藻判断重力的方向，也就是上和下。

钡可能不是最有活力的元素，但是有了硫酸根的帮助，它是一个安全可靠的朋友。

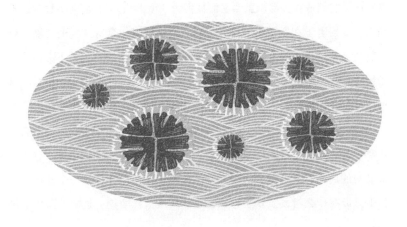

Eu

铕
伪造者的克星

铕元素真是惹人生气。它是一大群相似元素中的一员，让化学家们困惑了一个多世纪。现在这种困惑却变成了它的一个优点，人们可以利用它的这种特性来鉴别赝品，阻止造假。

元素周期表里的很多族都有很强的家族特征，但有些元素是如此相似，以至于区分它们就像在玩一场特别棘手的"大家来找碴"游戏。这17种元素化学性质非常相似，即使它们位于元素周期表里的不同位置，显然也应该把它们放在一起。虽然它们被称为"稀土"，但它们既不稀少也不是土。根据电子在原子里的排布方式，对这些宛如分身一样的元素进行了更精细的分类。由15个成员组成的家族在主元素周期表的下方排成一条长线，这些是镧系元素。这一家族包括了镥元素，但它不应该被排在这里，因为镥的电子排列意味着它算是一种过渡金属，应该排在主表。

感到困惑？你不是唯一一个。稀土元素之间的化学相似性意味着它们经常在同一块岩石里被找到。整个19世纪，化学家们都试图解开这些元素之间的纠缠。似乎每当一个元素被分离出来，又会有另一个元素隐藏其中。谁在什么时候发现了什么元素，屡屡引发争论。这简直就像一场噩梦。

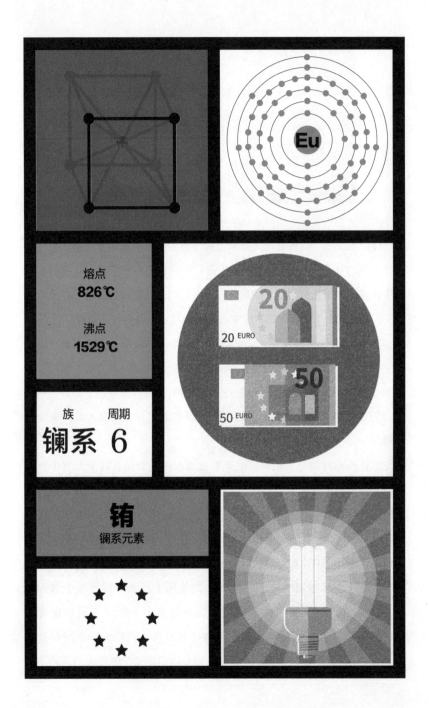

熔点
826℃

沸点
1529℃

族　　周期
镧系 6

铕
镧系元素

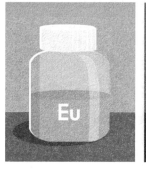

即使是威廉·克鲁克斯（氦和铊的发现者）也对此束手无策，他知道自己在抱怨什么："这些稀土元素让我们在研究中感到茫然，让我们在猜测中迷惑，甚至让我们在梦中挥之不去。它们在我们面前就像一片未知的海洋，到处都是嘲弄、困惑、咕哝着奇怪的咒语以及各种可能性。"

19 世纪末，人们发现在钐单质里隐藏着一种杂质——铕元素。法国化学家尤金·德马尔塞试图将它分离出来。他发明了一种方法，利用钐和未知元素之间的细微差别，通过一系列艰难的反应和重结晶来分离它们，这花费了他好几年的时间。经历了如此艰苦的工作，没有人敢质疑他的发现。

更让人心碎的是，他本不必花费这么长时间。铕在稀土元素中很不寻常，因为它乐意给出 2 个或 3 个电子。而稀土家族中其他的成员就没这么灵活，通常都只给出 3 个电子。从化学角度来说，这已经是很大的区别了。铕可以与其他元素结合成一系列的化合物，而这是其他镧系元素无法做到的，因此它应该很容易从同类元素中分离出来。

然而，在其他很多方面，铕就和其他稀土元素一样，很少有人花费心思去将这个家庭里的不同元素区分开来。有些元素更加稀有，可能更值钱，但它们通常作为混合物一起出售，被称为稀土混合金属（mischmetall）。尽管如此，还是有一些专门的用途，值得人们不辞辛苦地从混合物中分离它们，其中一个应用就是防伪。

因为它们的电子排布方式，所有的镧系元素都会发出荧光。用特定波长的光照射它们的原子，会使它们的电子跃迁到更高的能级。当这些电子回到它们原来的排布方式时，它们会重新发出它们吸收的光，但波长不同。照射的是蓝光，而显现的却是红光。组合使用多种镧系元素，就可以产生不同的颜色。这是鉴别假钞的众多技巧之一。将真实的钞票放到紫外灯下，会显示出镧系化合物的颜色和隐藏的图案。

1995 年，一种新的货币诞生了。在设计纸币的时候，任何镧系元素都可以用来制作发光的防伪特征。人们选择了铕，这可能是因为铕的荧光特性比较清楚，而且铕在电视机显示器和荧光灯中已经有了很长的使用历史。成本也许是另一个因素，因为它比许多其他镧系元素更贵，这可以阻止那些想从假钞中获利的伪造者。然而，当这种货币被称为"欧元"的时候，只有一种镧系元素可以使用了，那就是铕[1]！

---

1 铕元素（europium）以"欧洲（Europe）"命名。

W

钨
光明使者

钨是元素周期表中硬派的重量级元素，它浑身散发出一种坚不可摧的气场。在战斗中，你总是希望钨能站在你这边，但钨元素有自己的原则，你很难说服它去做它不想做的事情。钨有过不同的名字，扮演过进攻和防守的角色，我们总是因其对一切都淡然处之而尤为珍视它。

钨的许多特性非常明显。1751年在瑞典发现的一块石头被称为"tungsten"，字面意思是"沉重的石头"。伟大的瑞典化学家卡尔·威廉·舍勒对此很感兴趣，决定仔细研究一下。他发现石头里的白色结晶物质是钙和另一种物质的化合物，从这种未知物质中，他提取出一种酸（现在我们叫钨酸），并怀疑这种酸中含有一种新的金属。当有人成功将这种金属分离出来后，它就被理所当然地命名为tungsten（钨）。

两年后，在几百英里外的西班牙，福斯托·德卢亚尔和胡安·德卢亚尔兄弟成功分离出了舍勒的神秘金属，但却是从另一种矿物黑钨矿（wolframite）里得到的，因此他们将其命名为沃尔夫雷姆（wolfram），钨的元素符号也成了W，尽管在其他几种语言里，人们还是把它叫作tungsten（钨）。西班牙人理所当然地称这种元素为沃尔弗雷米奥（wolframio）。尽管舍勒对这一发现做出了贡献，但瑞典人也只好跟着叫

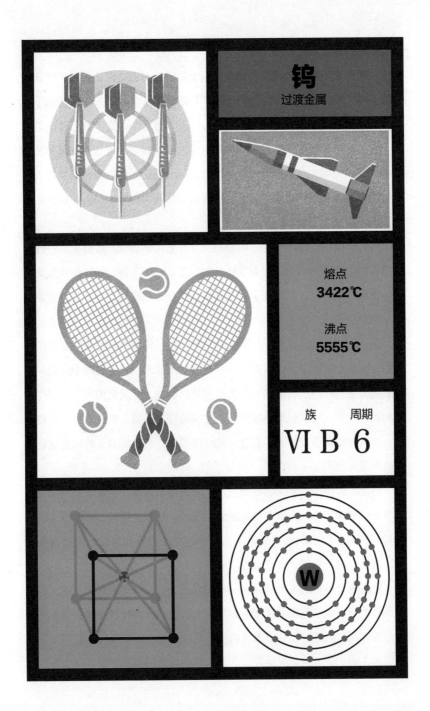

钨

过渡金属

熔点
3422℃

沸点
5555℃

族　周期
VIB 6

W

它沃尔弗拉姆（volfram）。

它叫什么不重要，反正它很重，非常重，重到铅在它面前都只能算轻量级。与柔软的、延展性好的铅不同，钨比钢更加坚硬，即使在高温下也能保持它的硬度。它的熔点高达惊人的3422摄氏度，是所有金属里最高的。它的重量和硬度让它成为一种理想的军事材料。如果把它变成弹药，钨弹所携带的巨大动能会对任何目标造成巨大的伤害。19世纪早期，人们努力制造钨弹，他们对这一强大武器的前景感到兴奋，但钨实在是太难加工了。

人们试图用各种化学的、物理的强大力量让钨折服，然而很长一段时间里，钨依然不动如山。随着新技术和加工方法的发展，钨慢慢地服从了科学家们的意志。人们发现了钨及其化合物令人惊讶的新用途，很好地发挥了它的特长。

在维多利亚时代，火灾是一个严重的问题。家家户户都用油灯和蜡烛照明，而妇女的衣服都是由高度易燃的材料制成的。钨为这两个问题提供了解决方案——经过钨酸钠处理的布料难以燃烧；金属钨则成了白炽灯灯丝的理想材料，白炽灯最终取代了蜡烛和油灯。只要让电流通过一根细钨丝，将其加热到可以发光的程度，就可以照明。钨在高温下的韧性也是其大受欢迎的原因。

但是，即使是钨也不能抵御它发光时的极端温度，它会蒸发并沉积在玻璃的内表面，所以早期的灯泡经常会发黑。后来，更轻、密度更大的线圈和一种充入灯泡的惰性气体共同保护钨免于蒸发和腐蚀。经过这些改进，钨丝灯泡开始主导家庭照明。

就在越来越多的家庭沉浸在钨丝的光芒中时，灯却突然熄灭了。第二次世界大战爆发，英国各地断电频繁。人们关窗、熄灯以躲避头顶飞过的德国轰炸机。但是，钨的需求比以往任何时候都大。军事技术就是从炮弹发展起来的，钨的重量级地位让它成为梦寐以求的弹药元素。动能穿甲弹

（钨芯弹）可以击穿坦克。钨钢还可以制造性能优异的机床，用来制造军用车辆和武器。

今天，钨又在另一个战场中发挥了作用——体育领域。在众多材料中，它的硬度和重量当属上品，因此被用来制造高质量的飞镖和网球拍。制造业仍然需要高质量的机床，不管是生产坦克还是涡轮机。如今，对钨的加工、处理已经变得非常复杂，但它依然保持着自己的狂野品性，只不过是以更加精细的方式。

78
Pt

铂
小银

在很长一段时间里，铂元素都不被重视。它有个名字叫"小银"，反映出它卑贱的地位。如果淘金者在淘金盆里发现了铂金块，就会扔到河的最深处，不让它继续添麻烦。在南美洲，当发现铂污染了矿床时，金矿就被废弃了。谁能想到，如今情况发生了天翻地覆的变化。

铂一开始就误入歧途，至少对欧洲人来说是这样。西班牙人在南美洲发现了大量的金矿，但金矿经常被另一种金属污染。这种金属看起来像银，因此西班牙语里的"plata"就是银的意思。它很重，很难加工，而且会妨碍更有价值的黄金的开采，所以在"plata"后加上"ina"（意为"小"）。西班牙语中"platina（铂）"就由此而来。

铂给痴迷黄金的西班牙人带来了巨大的麻烦，它或多或少被当成废物扔掉了。但一些人的麻烦往往会成为另一些人的机会——铂的密度与黄金非常相似，因此被用来掺在黄金里制造假金币。于是西班牙货币因假币泛滥而贬值，西班牙当局非常愤怒，下令将所有假币沉入海底。这对铂来说不是一个好的开始，而且口碑在很长一段时间里也没有发生好转。

大约在1750年，铂被当作一种稀奇的物品传入欧洲，没人知道该如何处理这些坚硬的金属块。此时，法国化学家皮埃尔·沙巴诺正在寻找一

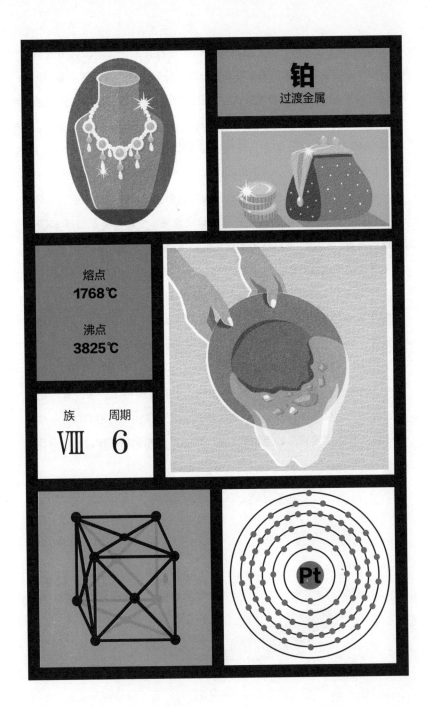

铂

过渡金属

熔点
1768℃

沸点
3825℃

族
VIII

周期
6

Pt

种具有延展性的金属材料,他逐渐将铂从各种自然存在的杂质中分离出来,原来正是这些杂质让铂变得难以处理。分离过程非常煎熬,有一次沙巴诺打碎了他所有的实验设备,怒吼道:"再也别想让我碰那些该死的金属了!"三个月后,他展示出一个10厘米(4英寸)高的立方体纯铂,而且具有很好的延展性。纯铂铸锭被呈现在欧洲贵族面前,他们因铂与白银的相似性而对它着迷,并被它难以置信的重量所震惊。

事实上,铂比银更不容易褪色,而且更便宜,这使它立刻成为工艺品贵金属的替代材料。但铂在金匠面前却很顽强,熔化铂需要超过2000摄氏度的高温,这已经远远超出了炭火的温度范围。它还比银坚硬很多,所以不容易造型或雕刻。

对于南美洲的土著居民来说,这一切都不会让他们惊讶,他们在欧洲人到来至少两千年前就知道铂了。他们很清楚铂很难被加工,但用它来做装饰品是有可能的,他们在几千年前就已经找到了处理这种不合作金属的办法,并将其制成珠宝。人们认为他们掌握了一种叫作"烧结"的工艺——将小块的铂和黄金混在一起加热,它们慢慢熔化并融合成一块合金,再将合金反复锤打和加热,再去除黄金,就得到了纯铂的制件。欧洲科学家后来独立摸索出处理铂的工艺,但这是很艰苦的工作,也没有什么

实际收益。然而，正是这种强度和硬度最终拯救了铂。

19世纪末，路易斯·卡地亚决定，只要有可能，他就使用铂金代替白银和黄金来制作自家广受欢迎的首饰[1]。镶嵌在首饰上的宝石会被黄金的贵气抢去风头；白银可以更好地展示宝石的颜色，但最终会失去光泽。而且这两种金属都比较软，所以需要用笨重的底座来固定宝石。铂是一个完美的选择，这种坚固的金属可以制成微小但稳固的支架。它白色而柔和的光泽不会减弱，将宝石的光彩衬托得淋漓尽致。

铂的期货价格在整个20世纪都在上涨，主要归因于它在珠宝首饰中的应用。渐渐地，它和阶层、品位联系在一起。20世纪30年代，当简·哈洛[2]把头发染成白金色时，它成了流行时尚的一部分。当金卡、金唱片变得司空见惯的时候，人们开始四处寻找一种更能够代表财富和声望的元素，他们碰上了铂。起初不被看好的铂最终还是逆袭成功！

---

1 卡地亚（Cartier），法国著名的奢华珠宝、钟表制造商，于1847年由路易斯·卡地亚在巴黎创立。

2 简·哈洛是20世纪早期的一位美国女演员，以饰演"坏女孩"角色而闻名。她曾将自己的头发漂白，有"白金金发女郎"的绰号。

金
纳米技术专家

金是如此具有象征性，它已经不仅仅是一种元素，也不仅仅是元素周期表里的一种金属，更不仅仅是周期表里的一个方块——它是一种颜色、一个形容词，它是财富的象征和高品质的标志。自古以来，这种元素就被人熟知并被视若珍品。究竟是什么让它如此特别？它那温暖的颜色、柔润的光泽和延展性令人欣喜。它可以被塑造成各种迷人的形状和图案，永远不会失去光泽。即使是假的，或者只有极少的量，它也能给一个物体赋予额外的惊喜。黄金就是……好吧，这就是黄金标准。

几千年来，黄金不仅被认为是最好的，而且是完美的。相比之下，其他所有金属都是劣等的，人们认为它们是被"污染"了，是不纯净的。一些人认为，如果其他金属中的杂质能够被去除，也能变成黄金。很多人都做了尝试，但没有人成功。金之所以是金，是因为它有79个质子。将一种金属转化成另一种金属的唯一办法是修改原子核——添加或移除质子，而这要等到20世纪发展出粒子加速器以后才成为可能。

过去一些人认为，既然黄金如此纯净，它或许也能去除人体内的杂质。如果有一种方法能把黄金引入体内，它可能具有药用价值。于是，他们将金箔或金粉撒在食物上。如果可以制造出一种液体黄金，那就更好

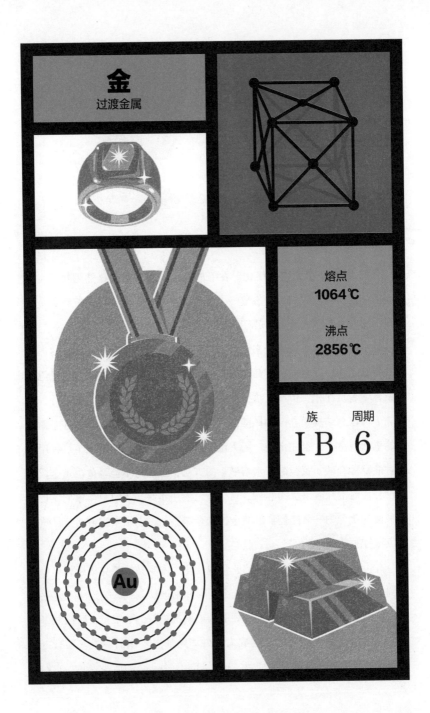

金
过渡金属

熔点
1064℃

沸点
2856℃

族　周期
IB 6

Au

了。金在1000多摄氏度才熔化，吞下如此高温度的黄金显然是找死，并不能治病。所以，我们可以想象一下，当发现有一种液体可以溶解黄金的时候，这些人是多么地欣喜若狂。

对于中世纪的炼金术士来说，如果有一种可以溶解黄金的液体，那实在太特别了，所以他们将其命名为王水或水之王。这一方法来自7世纪的穆斯林学者贾比尔·伊本·哈扬的古老著述。它需要各种复杂的成分，但实际上可以总结成是盐酸和硝酸的强力混合物。显然，要吞下这些东西，即使里面有金子，也注定是一场灾难。然而，炼金术士们发现了一种用迷迭香油稀释金液（黄金的王水溶液）的方法，虽然这不会释放出黄金，却也没有任何治疗效果。20世纪，黄金疗法卷土重来，当时科学家们发现了两种金的化合物——硫代苹果酸金钠和金诺芬，可以用来注射治疗严重的类风湿性关节炎。

古代有一些使用黄金的案例非常现代化。古罗马的莱克格斯杯可以追溯到公元4世纪，它非同寻常。这个笼形杯由玻璃制成，描绘了莱克格斯王与藤蔓缠绕在一起的画面，它周围的玻璃都被仔细加工过，所以显得栩栩如生。仅此一点就足以让它成为一件华丽的人工制品，但它还有更多的奥妙。这个杯子竟然可以变色，这要归功于银和金的微小颗粒，它们只占杯子体积的1%。当光线照射到杯子上时，它看起来是绿色的，宛如温玉，这来自银微粒的反射。但当光线透过杯子，杯子竟然会变成红色，这来自金微粒的作用。要制造这样的精品，银和金的比例必须非常精确，熔炉的温度也必须恰到好处。除此以外，还需要其他一些杂质来将这两种金属还原到理想状态。

这项技术后来失传了。到了17世纪，溶解在王水里的金被添加入玻璃，使其呈现出红宝石或蔓越莓的颜色。但1300年后，人们再也无法重现变色的技术。对此的解释直到20世纪才出现。原来，古罗马的玻璃制造商已经涉及非常现代的纳米技术——纳米尺度物质的使用，虽然很可能他们是无意的。当时的情况可能是这样的——人们把天然存在的金银合金加入普通玻璃里，为的是让玻璃带上颜色。然后，通过大量的巧合，产生了直径在50纳米到100纳米之间的金、银微粒，这些微粒的大小恰好可以和可见光相互作用，造就了神奇的颜色变化效果。

很多人相信，纳米技术预示着一个更好、更加绿色高效的未来。其实，金在几千年前就已经树立了一个标准。

汞
怪人

汞是一种传奇物质，它曾让制帽工人疯癫，让君王宾天，让炼金术士们无比迷恋。对于这种神奇元素的描述可以追溯到几千年前，故事卷帙浩繁。科学家、哲学家和好奇者在这谜一般的金属上花费了大把的时间。为什么汞如此令人着迷呢？很简单，真诚地、毫不客气地说，因为它确实太奇怪了！

科学里有很多东西，看似违背理性，却毋庸置疑是正确的。一般来说，我们理解未知事物的办法，是用已知事物去描述它，并预测它将如何表现。但是汞和其他东西都不一样，它闪亮如银，却能流动如水；笨重的铅会漂浮在它平整如镜的表面，而闪亮的黄金则会沉沉入其中。直观来看汞的各种表现，简直让人摸不着头脑。

正是因为汞的奇怪表现，在炼金术士眼里，它占据了一个非常独特的位置。其他金属在汞的表面漂浮着，游动着，滑行着，宛如生物一般；将汞与黄金混合，在适当的温度下加热几天，汞竟然会生长发芽，长成一棵好似有生命的树。它是如此与众不同，让人们不得不怀疑，它的背后暗藏了一些更深层的存在，或者说是最基本的物质。几个世纪以来，炼金术士们竭尽所能地研究这种奇怪的物质，试图找出它背后隐藏的秘密。

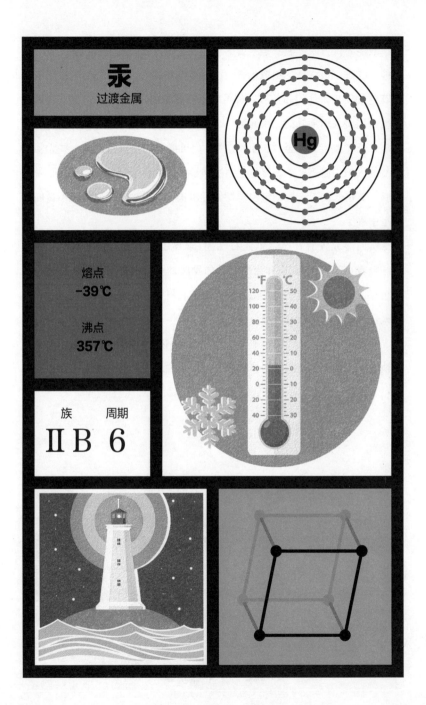

汞
过渡金属

Hg

熔点
-39℃

沸点
357℃

族　　周期
ⅡB　6

很多人认为汞可能就是宇宙的本质，或者最起码是包含了这一点。如果能把这种宇宙之精华提取出来，或者直接使用它，就可能将这种精华加入其他物质里。他们相信有一种可以点石成金的"哲人石"，寻求它的过程就是围绕汞而展开的。汞的另一个传说中的功能同样重要，那就是包治百病，延年益寿，甚至"长生不老"。你可能会以为这只能骗一些无知和贪婪的人吧。但历史上，就连牛顿这样最伟大的科学家都曾经沉迷于汞的实验；英格兰国王查理二世也曾摆弄过水银，结果他在一间通风不良的房子里中毒了。

然而终究没有什么"哲人石"，科学界也没找到"长生不老"的秘密。随着18世纪的到来和启蒙运动的发展，炼金术看起来越来越过时和不可靠。汞看起来仍然是那么神秘，即使在科学已经深入人心的现代，很多人仍然拒绝承认它是一种金属。

曾经有旅行者从西伯利亚返回欧洲，他们带回了凝固的水银，几乎和其他金属一样，但这都被当作异想天开的传说。人们有一种先入为主的思想：水银太特殊了，不可能普通到和其他金属一样，也会凝固。

汞是流动性的化身，因此它又被称为"quicksilver"（快银）或"hydrargyrum"（拉丁语，意为"银色的水"，汞的元素符号 Hg 由此而来）。但是，1759 年 12 月，两位俄国科学家——约瑟夫·亚当·布劳恩和米哈伊尔·瓦西里耶维奇·罗蒙诺索夫改变了这一切。

他们俩正在极冷的环境下进行实验，将雪和盐混合后，水银温度计上的读数开始低于零度。他们继续添加酸和其他物质，这样可以让温度进一步降低。最终，温度计里的水银柱到了一个位置，就再也不下降了。二人非常困惑，打碎了温度计的玻璃，温度计的球泡里竟露出一个固态的水银球，顶部伸出一根细的金属线，和普通金属一样倔强地弯曲着。

除去汞神秘的光泽，它那奇怪的特性也能和其他材料一样为我们所用。由于汞和黄金的亲和力，它可以被用来从金矿里提取这种贵金属；它是如此之重，却是一种液体，可以想象，灯塔上沉重的灯具就漂浮在汞上，只要轻轻一推，灯就会旋转；如果它真的是一种金属，那它应该能够被用于电子产品中，只要晃动一下开关内部的液体金属，就可以截断或连通电流。

以上这些应用无一不是"短命的"。汞终究是汞，要使用它毕竟是有代价的，这种代价就是健康。尽管汞的危险自古以来就为人所知，但今天的我们已无法承受如此高昂的代价。因为汞的毒性，在任何它可能发挥作用的地方都被替代了。然而，直到今天，这种在元素周期表中唯一在室温下是液态的金属仍然让我们着迷，因为它太特别了。它非主流，很难归类。汞，尽管如此古怪，但绝对可以骄傲并当之无愧地做自己。

81

TI

铊
披着羊皮的狼

如果要说菲德尔·卡斯特罗不受美国政府欢迎，那绝对是轻描淡写，至少有 8 届美国政府策划了谋杀卡斯特罗的行动。据古巴前情报机构负责人法比安·埃斯卡兰特称，40 多年来，美国中央情报局（CIA）共进行了 634 次暗杀行动。在这场消灭古巴领导人的比赛中，他们似乎研究过所有可以想到的手段，有的精妙无比，有的却荒谬绝伦。

在卡斯特罗刚刚执政的时候，有一个设想是在他演讲的时候向他喷洒一种类似迷幻药的物质。这种计划并不是为了杀死他，而是让他当众蒙羞，但世事难料。1960 年 8 月，他们竟然在卡斯特罗的雪茄盒里加入了剧毒的肉毒杆菌，根本不需要菲德尔抽烟，只需要他把一支雪茄放在嘴唇上，就足以杀死他。然而不知道为什么，这盒雪茄没有前往古巴，而是最终落在了中央情报局副局长的保险柜里。还有一些计划也挺匪夷所思，比如装满炸药的贝壳、沾满致命真菌的潜水服等，最终都失败了，因为它们要么不切实际，难以执行，要么在刚开始的时候就被挫败了。

终于有一次，中央情报局得知卡斯特罗即将访问中国，他们看到了一个绝佳的机会。根据他们的设想，既要能达到让卡斯特罗蒙羞的效果，还要保证很难被发现，至少不能让人追溯到中央情报局。要满足如此苛刻的

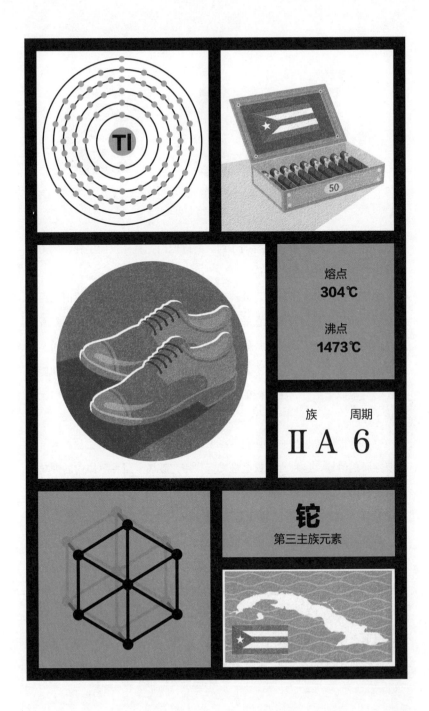

Tl

熔点
304℃

沸点
1473℃

族　　周期
ⅡA 6

铊
第三主族元素

50

要求，必须要有一种特别狡猾的东西，所以他们把目光投向了铊，因为很少有比它更狡猾的元素了。

铊就好比一个秘密特工，这种金属的盐能通过皮肤、肺部或消化道进入人体，而不会引起警觉。它采用一种假冒的身份，骗过马虎的观察者或人体内的保护系统，至少在一段时间内是这样。它冒充钾元素的身份，取代钾元素在体内的位置，并不是为了做啥贡献，而是干扰钾元素的功能。铊还会与硫原子结合，将含硫的酶和蛋白质扭曲成奇形怪状，让它们无法正常工作。

中央情报局曾想出一个计划，在卡斯特罗的鞋子里添加铊盐，当卡斯特罗穿鞋的时候，这种毒药就会慢慢起作用，破坏卡斯特罗体内的钾功能以及各种酶。这种罕见的症状会让大多数医生感到困惑，最终他们会掩盖古巴领导人健康状况不佳的真正原因。鞋子里的毒药不仅会让他身患重疾，甚至可能导致死亡。让中央情报局特别感兴趣的是，铊中毒的症状之一是脱发，卡斯特罗历来以长胡子的形象为世人所知，胡子的脱落会让中央情报局获得巨大的成就感，他们认为自己成功羞辱了敌人。在 20 世纪 60 年代，铊还是比较容易获得的，美国当时在售的脱毛膏里面就有一种铊盐，用于美容或修复皮肤。

他们的计划开始启动，并在动物身上做了测试。当时，铊的毒性广为人知，已经被用作老鼠药和杀虫剂的关键成分。之所以要做这些测试，可能是因为他们想通过测试取得最好的效果，既不能没有效果，也不能让卡斯特罗死得太快而让人们看不到他胡子逐渐掉光的样子。铊能导致脱发当然因为它的毒性，但这却成为某些人的恶趣味。也许这些科学家出于谨慎，还要试验一下整个流程，比如如何将鞋子运送过去。至于他们有没有成功，那就不得而知了，至少官方文件里没有。

然后他们等到了消息：卡斯特罗取消了中国之行。

铊计划还是被搁置了，在接下来的几十年里，又尝试过更多的想法，但都失败了。卡斯特罗于 2016 年去世，享年 90 岁。死亡原因不得而知，他的尸体在死后第二天早上被火化。但中情局似乎不太可能是幕后黑手，因为卡斯特罗去世前几周的最后一张照片显示，他与世界各国领导人会面，头发依然茂密。他那标志性的胡须因高龄已经变白，但依然完好无损。

铅
虚伪的朋友

铅是元素周期表里的伊阿古[1]，你以为它是朋友，但并不是。看起来，它似乎是支持你的，迷人又可靠。但背地里，它却想着毁灭你、操纵你，达到它邪恶的目的。

和其他金属不一样，铅没有光鲜的外表，表面的色泽是如此灰暗，根本不能依靠外表或地位引诱你，从而进入人类的世界。铅会让你产生需要它的错觉，它会帮助你。有了它，你会觉得好像总有一只手在背后支持着你。过去，并不是每个人都注意到那只手其实拿着一把刀。

数千年来，人类被铅的实用性和出色的特性所愚弄。就其本身来说，铅质地柔软，有不错的延展性和耐腐蚀性，特别适合制造管道或其他实用器具。铅让罗马人可以为庞大帝国的海量人口供应足够的水，也让社会的繁荣与健康达到了全新的高度。

铅的化合物似乎也能满足人类的欲望。在历史上，罗马人取得了许多技术进步，但他们在某些领域仍然很匮乏，比如糖，对他们来说就很陌生。蜂蜜是他们唯一的甜味剂，直到他们发现了铅的甜味。醋酸铅，也被

---

1 Iago，莎士比亚的名著《奥德赛》中的反派。

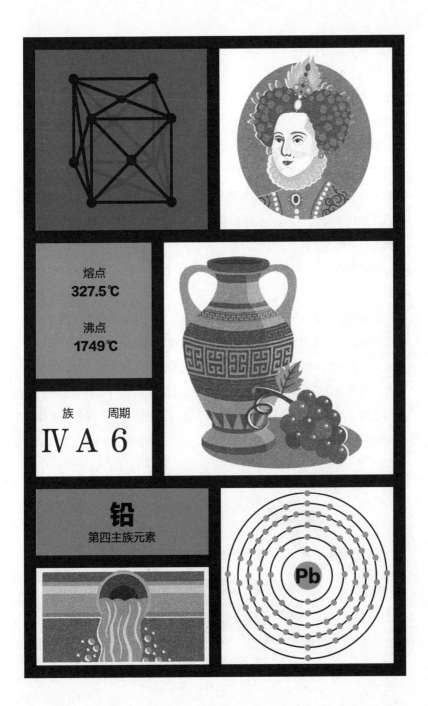

熔点
327.5℃

沸点
1749℃

族　　周期
ⅣA 6

铅
第四主族元素

Pb

称为"铅糖",有一种不寻常的甜味。罗马人把酿酒时剩下的葡萄泥放在铅锅里煮,葡萄中的醋酸与平底锅反应,生成醋酸铅溶解到醪液里,他们称之为"萨帕"。然后,萨帕被经常添加到酸葡萄酒和各种食物中,使它们变得格外美味。

如果说铅想要让自己在人类社会的地位不可撼动的话,它无疑在罗马人身上大获成功。但铅与人类的故事绝不可能就此结束。在16世纪,年迈的英国女王伊丽莎白一世想要青春永驻,于是她在脸上涂上了一层层的铅白(碱式碳酸铅),以掩盖她皮肤上的麻点、皱纹等等。她的这一行为开创了一种延续了几个世纪的时尚。

即便是在得益于科学发展的现代社会,人们仍然可能被铅的实用性蒙蔽。

20世纪,汽车在很大程度上改变了社会,但当燃烧汽油的时候会发生爆震现象,让汽车步履蹒跚。四乙基铅的出现扭转了局面,只需要添加一点点,就会让汽车引擎免于熄火。铅帮助人类建立了伟大的帝国,赋予他们青春的外表,为他们通往现代世界铺平了道路,但代价也是明显的。铅找到了潜入人体的途径:通过食物和水,通过皮肤和空气。看似大有裨益的铅实际上正在对人类造成巨大的伤害,它会损害神经和肾脏。人们很早

就发现了这种迹象，但许多人选择忽视它们，或者声称对人体的伤害是在可接受范围内的。

罗马的妓女一勺勺地吃萨帕，这会使她们的肤色变白。铅会破坏生产红细胞的酶，会使人虚弱和贫血，还会导致不育，现在看来，这都是中毒的迹象，但在当时却被视为一种意外的好处。饮用水、食物和酒中的铅一步步毒害了罗马人。铅也许不是导致罗马帝国灭亡的罪魁祸首，但它确实起到了一定的作用。

尽管知道铅的潜在危险，然而文艺复兴时期的女性并没有因此而抛弃它。因为铅，她们的牙齿黑了，头顶秃了。虽然存在这些伤害，但为了时尚，一切都可以忍受。高额头和黑牙齿也被认为是美丽的外貌。

长远来看，无论益处多大，哪怕只需要极小的剂量，铅都不会对我们有帮助。铅化合物已从化妆品、油漆和汽油中被去除。替代品可能没有那么完美，但对我们造成的伤害要小得多。人类花费了很长时间，终于意识到铅并不是一个值得信赖的朋友。

铋
绝世美人

很多元素可以根据它的同伴来判断它是什么样的性格，但铋不行。它被元素周期表中最令人讨厌、毒性极强的一些元素包围着，你可能会因此认为它同样会对人不利。氮族元素也被称为"投毒者之巷"，然而，在氮族的底部，存在着希望和幸福的火花。

铋是元素周期表上的道林·格雷[1]，拥有不被时间磨灭的美貌。尽管和很多有毒元素同属一族，而且被众多放射性元素所包围，但铋却没有毒性和放射性这些问题，依然保持着美丽的外貌和不错的声誉。铋的阁楼里没有丑陋的画像。

很少有金属能够像铋那样因其固有的美丽而受到赞赏。许多人欣赏由不同金属组合而成的雕塑，但很少有金属本身就能够作为饰品。然而，很多书桌和书架上都装饰着纯铋的晶体，因为它们能够生长出令人惊叹的阶

1　道林·格雷是一个虚构人物，是奥斯卡·王尔德1890年创作的小说《道林·格雷的画像》的主角。他是维多利亚时代的贵族，这位美少年出卖灵魂，将自己的画像锁在阁楼里，让自己的美貌永驻。

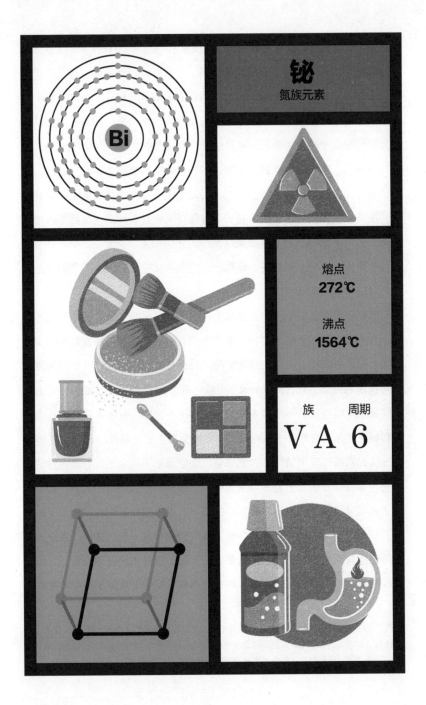

铋

氮族元素

Bi

熔点
272℃

沸点
1564℃

族　　周期
V A 6

梯状图案，反射出彩虹般的颜色，就像埃舍尔[1]嗑药之后的作品。这些晶体在边缘处形成最快，留下有棱角的空洞，因而由内而外形成了这些五彩缤纷的金字塔。铋斑斓的色彩，来自覆盖在表面的氧化铋层，白光照射上去会衍射出不同的颜色。当大多数金属与氧气发生反应时，通常会变得暗淡无光，而铋会变得更加美丽。铋看起来很棒，它也可以让你看起来很棒。

铋和氧、氯一起生成氯氧化铋，这种化合物也被称为珍珠白，因为它类似珍珠母。由氧、氯和铋形成的表层晶体中的不同深度反射出各异的光线，使其发出美丽的珍珠般的光芒。古埃及人将它添加到化妆品中以增加非凡的魅力，他们开创了一种延续至今的化妆潮流，头发、美甲产品、眼影和粉底中都含有氯氧化铋。珍珠白色的薄片使皮肤散发出柔和的光芒，还可以遮掩皱纹和斑点。

但是，把重金属化合物涂在脸上，这明智吗？尤其是这种重金属的前后左右都是臭名昭著的剧毒物。不要害怕，铋是声名狼藉的氮族家庭中的异类，它不仅安全，而且在某种情况下对你还有点好处。广受欢迎的抗酸药物次水杨酸铋（Pepto-bismol）可以杀死导致胃部不适的细菌，缓解胃黏膜发炎（但使用前一定要先阅读说明书）的症状。听起来铋好得令人难以置信，如果它有那么一点点辐射，肯定会损害它的声誉。

从元素周期表中所在的位置来看，铋应该是不稳定的、有破坏性的，但它却非常容易满足和克制。从氢开始，到原子序数更高的元素，微小的原子核里就要装下越来越多带正电的质子。正电荷会互相排斥，为了防止它们散开，还必须增加中子的数量，将它们聚合在一起。这样，系统大抵运转得比较正常，但是到了比铅更重的元素，这套系统就不稳定了。为了减轻负荷，这些较重的元素以不同的速率和不同的力从原子核中喷射出粒

---

1 荷兰著名画家，因其绘画中的数学性而闻名。曾创作过著名的《白天和黑夜》《瀑布》等作品，展现了形状渐变、几何体组合和光学幻觉方面的魅力。这些作品如今成为无数数学家、科学家的研究对象。埃舍尔患有自闭症，经常服用镇静剂。

子，将自己变成更轻、更稳定的元素。这就是放射性。

　　铋比铅"更进一步"，是元素周期表中最后一个稳定的元素，理应具有放射性。理论计算表明，铋可以通过释放阿尔法粒子（氦核，含两个质子和两个中子）而发生衰变，变成稳定的铊。铋虽然确实有放射性，但它却如此低调，以至于人们好几十年都没有发现这一点。

　　直到2003年，科学家们才发现了这种难以捉摸的衰变现象，他们探测到肿胀的铋核喷出的阿尔法粒子。为了这项研究，科学家们搜集到了大量的铋原子（62克，约17.8万亿亿个铋原子），放入一个极其灵敏的探测器里，然后就是等待。在五天的时间里，只有128个铋原子释放出阿尔法粒子，变成了铊。也就是说，样品中一半的铋原子发生衰变所需的时间是宇宙年龄的10亿倍。铋的衰变速度如此缓慢，跟没有放射性差不多。它是元素周期表里最稳定的不稳定元素，寿命比我们所有人都长得多。

Po

钋
魔鬼的化身

真的没啥必要去喜欢钋元素。它是元素周期表中最致命的元素之一，一点可取之处都没有。很少有人使用这种元素，除了一些极其专业的人士。如果不是因为它与国际政治上的分歧有关，它本应默默无闻。

1898 年，皮埃尔·居里和玛丽·居里发现了这种元素。他们对一种铀矿样品产生了浓厚的兴趣，这种铀矿样品的放射性比仅仅靠铀产生的放射性更强。他们怀疑其中含有一种之前未知的元素，因此积极地寻找其中超强辐射的来源。经过多年筛选和提炼成吨的铀矿残留物，他们的双手在工作中留下了辐射灼伤的疤痕，身体受到了严重破坏，这才得到了百分之几克全新的金属。新金属不是一种，而是两种。他们已经为这些新元素取好了名字，一种被命名为镭，因为它会发光；另一种叫钋，来自玛丽的祖国波兰。当时波兰已经被邻国吞并，波兰的语言和文化都被严重压制。

玛丽的本意是好的，但事后看来，将此荣誉授予一个争取独立的国家并不令人赞赏。钋几乎没有什么用处，而且对人体健康有着可怕的危害。然而，居里夫妇对"他们的元素"感到兴奋是可以理解的。有些晚上，这对夫妇会回到实验室，欣赏他们来之不易的宝贵样品散发出的耀眼光芒。

1904 年，正是人们对新元素的发现兴奋不已的时候，对它的危险性

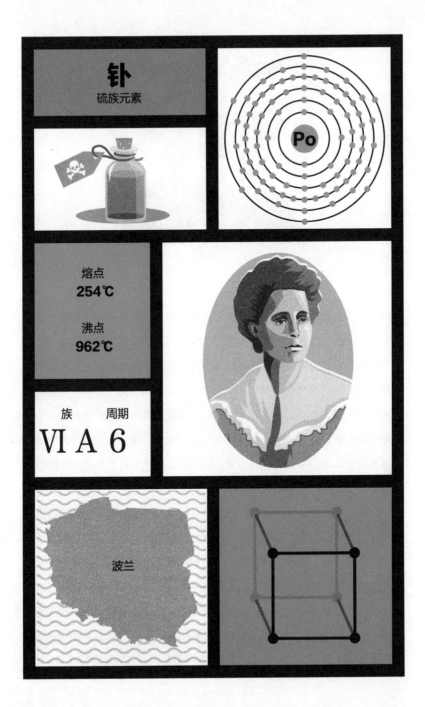

钋
硫族元素

Po

熔点
254℃

沸点
962℃

族　　周期
Ⅵ A 6

波兰

却知之甚少。马克·吐温将居里夫人的发现写进了短篇小说《与撒旦的交易》里。在这个故事中，魔鬼撒旦被描绘成有着185厘米的身高和408千克的体重，它的身体是纯镭构成的，外面还披了一张钋的皮肤。在文中，他是一尊"苍白之光的雕像……（散发出）白炽的荣耀"。召唤出撒旦的凡人会迷恋钋的奇异光芒，居里夫人也是如此。但是，这种光芒对一个人是魅力的象征，对另一个人则可能是明显的警告。淡蓝色的光是因为周围的空气被它发出的辐射撕裂的结果，因此微量的钋有时候也被用于防静电设备中。

而吐温笔下的魔鬼还有更多超能力：撒旦用指尖轻轻一碰就能点燃一支雪茄。现实世界中，钋通过放射性衰变产生的巨大能量会以热的形式呈现，一颗只含有1克钋的胶囊可以产生500摄氏度的温度，这意味着这种元素可以在寒冷的月夜为月球探测器供热。

马克·吐温笔下的撒旦"温柔地发光，充分地闷烧"，这只是他内在强大力量的缩影。这个魔鬼的存在对人类就是一种威胁，文中他说："如果我剥下自己的皮肤，世界就会在一束火焰和一股烟雾中消失。"马克·吐温把很多科学细节都弄错了，但他对放射性元素的威力却有着惊人的先见之明。

钋在被发现之初引起的兴奋逐渐消退，它几乎没有得到任何应用，而且有着相当大的缺点，这种元素逐渐被遗忘了。它太稀少，也没有在公众健康领域引起关注，对于大多数人来说，钋不过就是元素周期表里的一个方块。但并不是所有人都忘了这件事。2006年，钋引发了一场政治风暴，当时它被用来毒死一名居住在英国的前克格勃特工。

既然钋能撕裂空气，让探测器在太空深处保持温暖，那么它可以对人体造成伤害就不难理解了。人体对钋的最大安全剂量是小到难以想象的7皮克（0.000 000 000 000 7克），也就是说钋的毒性是氰化物的亿万倍[1]。亚历山大·利特维年科吞下了大约100毫克（0.1克）的氯化钋，杀手可能希望这种毒药难以追踪。但钋的超强放射性留下了一系列污染，证据明显对俄罗斯不利。这导致了激烈的政治冲突，人们无比关心发生了什么，谁应该对此负责，以及如何应对。

一个多世纪以来，公众对这一元素的认识从未如此之高，但人们对它的评价却从未如此之低。

---

1 原文有误。一般用半数致死量（LD50）来比较化学物质的毒性。钋210的LD50小于1微克，而氢氰酸的LD50为250毫克，因此钋的毒性大约是氢氰酸的25万倍。人体放射耐受性则是另一个衡量指标。用钋的放射性对比氰化物的毒性，显然是不合适的。

铀
变局

元素周期表就像是一本书。从氢开始，沿着一行从左向右移动，新的特性不断出现。在这个过程中会有一些惊喜，但是故事的进展总体上是可以预测的。然后，正当你已经习惯了这种节奏，你到达了铀。在这部元素长篇小说的第 92 个章节，你在这个周期性故事末尾遇到了重要转折。

从历史的视角来看，铀的故事是完美的。它一开始只是一个额外的背景板，使场景看起来更有意思。当时的古罗马人用氧化铀矿作为陶瓷的黄色釉料，虽然他们根本不知道它到底是什么。中世纪时，工匠用波西米亚沥青铀矿里的提取物制作黄色玻璃。

1789 年，铀元素终于被揭开面纱。在众多元素里，它有了名气，但依然是一个小众元素。德国化学家马丁·海因里希·克拉普洛特认为自己从沥青铀矿里分离出了一种新的金属，并以天王星（Uranus）之名将其命名为铀（Uranium）。事实上，他分离出的是氧化铀。1841 年，法国化学家尤金－梅尔奇奥尔·佩利戈特首次分离出了纯金属铀。这种金属的强度很高，但遇到其他更迷人或更有用的元素时，就相形见绌了。1869 年，门捷列夫开始在他的元素周期表中排列当时所有已知的元素，铀是一个熟悉却不显眼的成员。最引人注目的是它位于元素序列的末位，是元素周期表的

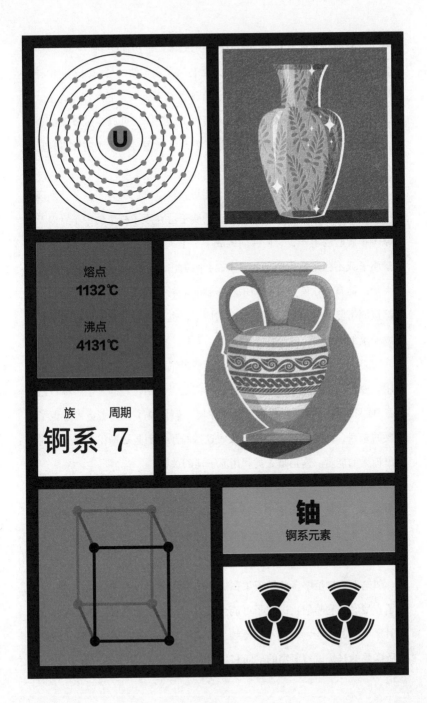

熔点
1132℃

沸点
4131℃

族　周期
锕系 7

铀
锕系元素

句号，没有人对它抱有更高的期望。但是后来，一切都变了。

1896 年，法国物理学家亨利·贝克勒尔发现了铀的另一面。一份样品被随手丢在一叠照相底片上，虽然没有暴露在阳光下，底片却曝光了。原来，铀无时无刻不在释放出一些"看不见的射线"，可以穿过覆盖的金属板，导致底片曝光。就这样，贝克勒尔发现了放射性。元素的故事还远未结束，相反，它即将迎来一个急转弯。

在贝克勒尔发现放射性后的几十年里，科学家们拆开了原子，发现了其中的组成部分：决定元素的质子，让质子留在原子核里的中子，以及围绕原子核旋转的电子，它们共同构成了一个平衡的原子。重原子，即含有大量质子或不稳定数目中子的原子，会喷射出多余的质子或中子，并伴随着大量的能量。这就是贝克勒尔观察到的放射性现象。有些人开始想到，既然重原子能发射出粒子变成较轻的原子，也许较轻的原子可以接受粒子变成较重的原子。

1938 年，意大利物理学家恩里科·费米试图挑战元素周期表的极限，他用亚原子粒子轰击铀原子核，看看它们是否会粘在一起。他声称自己发现了 94 号元素，并因此获得了诺贝尔奖，但他错了。其实费米发现了更重要的东西，他的铀原子并没有吸收这些粒子，而是被撞得粉碎，同时释放出惊人的能量。这正是人类利用原子能的关键！

1940 年，伯克利大学的一个研究小组发现了第 94 号元素，同样是以铀为起点，但是他们采用了一种改进后的方法。这种名为钚的新元素在当时受到了特别关注，因为它是制造原子弹的完美材料。问题是如何才能制造出足够多的核武器呢？答案又是铀。

理论上，将足够多的铀聚集在一个小空间会引发连锁反应。当一个铀原子衰变时，它喷射出的粒子可能会被另一个铀原子吸收，导致它衰变并喷射出更多的粒子，反应不断延续。从理论上讲，铀可以生成钚，研究团队所需要的只是试验所需的空间和足够的铀。

铀以及各种研究资源被汇总到一起，并投入到临时发起的尖端研究工作中。第一座核反应堆建在芝加哥市中心一个足球场地下的壁球场内。从此，世界变得再也不一样了，原子能时代带来了核战争的威胁，也带来了从核电站获得廉价能源的希望。铀现在是抢手货，它改变了我们看待元素周期表和世界的方式，也给我们带来了一个无人能预见的剧情转折。

Pu

钚
喧闹者

钚是元素周期表上一位愤怒的年轻人。它似乎对自己被创造出来心怀愤懑。钚不单单是心烦意乱，它的不同存在形式都表现出各种形式的愤怒，从沸腾冒泡的怨恨到一触即发的暴躁。

在加州大学伯克利分校，由格伦·西博格领导的团队决定寻找超越元素周期表已知终点的新元素，他们正在进入一个未知的领域。他们知道，任何比铀重的元素如果存在的话很可能是不稳定的，但他们无法预测94号元素会有多么不合作和喜怒无常。

一种元素的特性是由其原子核中的质子数决定的，但是一个原子中的质子数并不一定是固定的。不稳定的原子会重新配置原子核中的粒子，并排出不需要的粒子，使自己更加舒适。有了合适的设备，科学家就可以用粒子轰击原子，人为地改变原子核的组成。西博格和他的团队就是通过这种方法，用粒子轰击92号元素铀，产生了94号元素。

发现了新元素，意味着你还可以为它命名。西博格选择了冥王星，因为这颗微小的行星在11年前刚刚被发现，在太阳系里极端偏远的轨道上运行。这个选择似乎是合适的，但冥王星是以罗马神话里冥界之神的名字命名的，西博格声称自己当时并不知道这一点。事实证明，钚的名字比他

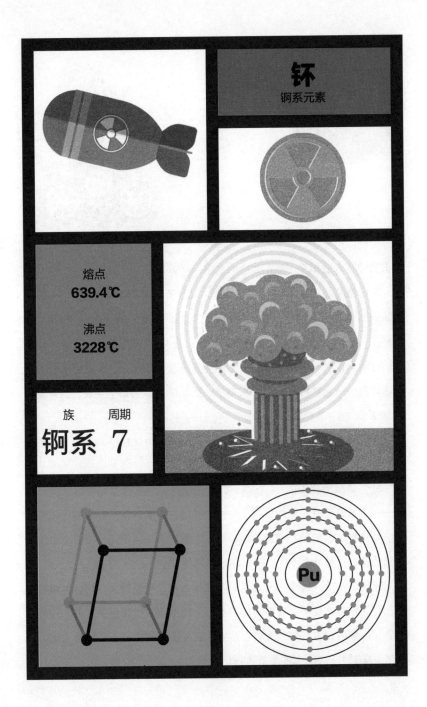

钚
锕系元素

熔点
639.4℃

沸点
3228℃

族　　周期
锕系　7

Pu

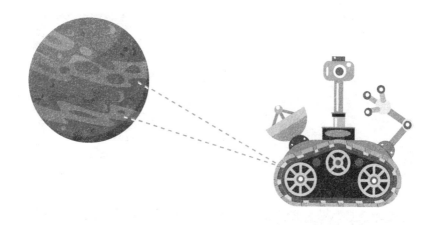

意识到的要合适得多。钚正如它的名字一样可怕。

西博格将钚描述为"如此不寻常，以至于几乎令人难以置信"。虽然他认识到这种元素的一些非凡特性，但仍然低估了这种元素的价值："在某些条件下，它和玻璃一样坚硬、易碎；在其他条件下，又和铅一样柔软、可塑。在空气中加热时，它会燃烧并迅速碎成粉末，在室温下它又会缓缓分解……它是所有化学元素中独一无二的，即使是一点点，也有极强的毒性。"

西博格只是描述了钚的一般情况，当你开始研究这种元素的不同种类时，会发现情况变得更糟了。

每个钚原子核内的 94 个质子都带正电荷。正电荷互相排斥，所以中子——顾名思义就是中性的粒子——需要把它们维持在一起。原子核里中子的数量对元素的特性没有影响。钚，不管它有 144 个还是 150 个中子，钚都是钚，只是种类不同，我们称之为同位素。

钚 -238，有 144 个中子，是一个仇恨之球，想要毁灭一切。但相对而言，它的破坏性较小。这种同位素是一个威力巨大的辐射发射器。从外观上看，钚块闪耀着红热的光芒。然而，它发出的辐射并不会传播太远，一张纸就能挡住。钚 -238 那被压抑的能量可为卫星和探索太阳系的太空飞船供能。

相比之下，钚-240非常不稳定，用来做核武器也不合适。它不仅会释放出多余的粒子，还会在最轻微的激发下发生裂变。它那不合时宜的裂变会导致炸弹失效，而不是核爆炸。

介于这两个极端之间的是钚-239。它有可怕的脾气，但需要适当的刺激才会发作。和钚-240一样，钚-239也可以发生裂变，变成碎片，同时释放出巨大的能量，但它必须经过中子的轰击才能被激发到相当的程度。如果将钚-239的原子分散开来，并控制周围飞行的中子数量，你就得到了一个可靠的能源，可以用来发电。还可以将钚-239原子紧密地封装在一起，这样你就得到了一枚炸弹。

1945年7月16日，一个钚-239球体被挤压在一起，引发了世界上第一次核爆炸。参与设计的科学家们为这次爆炸的威力下了赌注。诺贝尔物理学奖得主奥本海默曾预测，它的威力相当于300吨TNT炸药。而事实上，仅仅6千克（13磅）多一点的钚-239爆炸的威力竟然相当于15 000吨TNT炸药的威力。当奥本海默看着12千米高的蘑菇云直冲云霄的时候，他想起了古印度经文《薄伽梵歌》中的一句话："现在我成了死神，世界的毁灭者。"

钔
化学家

　　元素周期表是化学基本原理的最简单说明。它印在每本化学书里，挂在每个化学实验室的墙上，因为它是第一课，化学的 101 指南。每个元素在表中都有自己的位置，在框中由一个符号表示，通常还包括一些其他细节，如质量、原子序数和全名。这个表中的第 101 个元素可能是所有元素中最合适的名字，因为它是以元素周期表的设计人德米特里·门捷列夫的名字命名的。他对化学的深刻见解奠定了这门科学的基础，与他同名的元素也因此出现。

　　早在门捷列夫出生之前，已经有人对元素进行了区分和定义。有人设计出各种元素列表，通常按照质量增加的顺序排列。一些科学家甚至注意到某些元素之间的相似性和一致性，并试图将它们分成各个小群。但门捷列夫是第一个看到全局的人，他意识到，这不是某几个元素之间的奇怪巧合，而是一个看不见的、有规律或者说是周期性的系统在控制着所有元素的化学行为。

　　这本书最前面的元素周期表，完全要归功于门捷列夫那杰出的元素洞

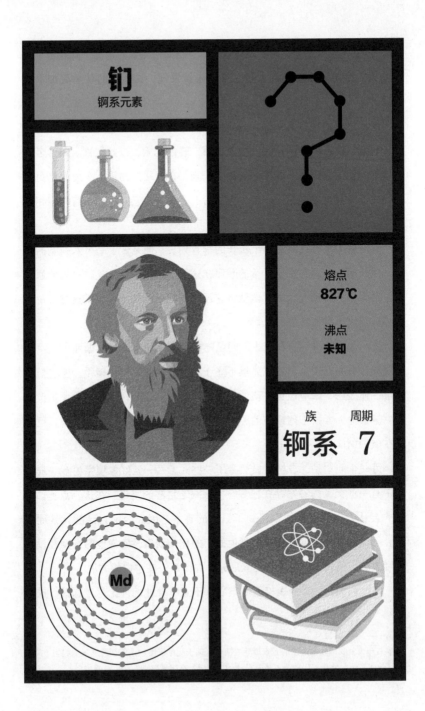

钔
锕系元素

熔点
827℃

沸点
未知

族　周期
锕系　7

Md

察力[1]。他在完全不知道原子是什么、原子是如何构成的情况下就取得了这一成就，更何况当时还有大量元素尚未被发现，这让他的壮举更加令人瞩目。

像他之前的许多人一样，门捷列夫的出发点是原子量。他把最轻的元素——氢，放在列表的顶端，接着是第二轻的元素，以此类推。随着名单的增加，他注意到有一些主题会反复出现。在锂之后的第七个元素是另一个与之非常相似的元素——钠。再往后七个是钾，它同锂和钠有许多相同的化学和物理性质。

门捷列夫没有继续做一个长长的垂直列表，而是做了一个八列宽的表格，他开始从左到右按原子量的顺序往这个表格里添加元素。每当他遇到一个类似第一行的元素时，他就将它添加到同一列的下面，就这样，每一列都被填满了类似性质的元素。

按照这样的方案执行下去，问题随之而来。如果严格遵循原子量增加的规则，有些元素会出现在显然不属于它们的列中。碲比碘重，但它们的化学性质表明，碲应该排在碘的前面。门捷列夫断言，他的周期律是没错的，是其他人弄错了碲或碘的原子量。他自信地修改了碲的原子量，把它放在碘的前面。

另一个问题是，表格中显然少了一些元素——就好像填字游戏一样，其中有一些交叉的答案存在很多空格，缺乏足够的字母。在这一点上，许多人会认为他们根据线索得到了错误的答案，因而否定自己的元素周期律。门捷列夫曾经也可能质疑过他面前的化学线索，所幸他的怀疑并没有持续太久。他只是简单地将元素展开，并留下一些空白的方块。

门捷列夫认为，他表格里的空缺并不意味着他的理论存在漏洞，这些

---

1 本书开头及我国教材采用的元素周期表演变自瑞士化学家维尔纳所创的维尔纳式表（简称"长表"），外观与门捷列夫最早设计的"短表"有明显差别。——编者注

空缺反而支撑了他的观点，因为这意味着还存在未发现的元素。门捷列夫利用他对化学性质的本质的深刻洞察力，在这些元素被发现之前就预测出它们的质量和性质。当它们最终被找到时，人们发现它们完全符合门捷列夫所期望的特征。

门捷列夫的周期律被证明是非常正确的，这种正确性被后来的每一个新发现所支持。他这种简单的组织形式清晰地展示了元素的行为模式，我们可以用来预测新元素的性质，以及化学反应的结果。他证明了原子量决定了元素的性质，炼金术士们梦寐以求的目标是可以实现的，只要你能做到增加或减少元素的原子量。1955 年，一个科学家团队将氢和镄的质量加在一起，制造出了钔（mendelevium）——以门捷列夫命名，这种元素当然也拥有门捷列夫的周期律所预测出的所有性质。

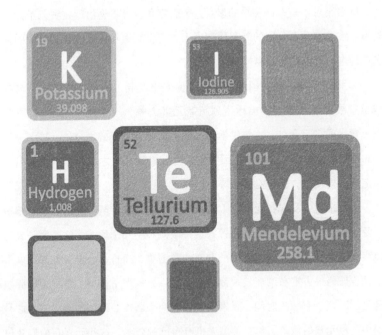

109

Mt

鿏
致敬

名字很重要。它们不仅仅是为了给事物贴上标签，以便别人能认得它们，它们还承载了背景、历史、荣誉和耻辱。给新元素这么重要的东西起一个好名字可不是一件容易的事。这个名字和符号将会出现在数以千计的教室、实验室和办公室的元素周期表上。它将荣耀与认可赋予被选中的人名或地名，所以你必须谨慎对待。

20 世纪后期，在美国和苏联的实验室中发起了一场关于元素命名的战争，战况异常激烈，被称为"超镄元素之争"。第 100 号元素以恩利克·费米的名字命名，这位科学家打响了新元素竞赛的发令枪。接下来是 101 号元素，同样没有争议，因为它是以元素周期表之父门捷列夫的名字命名的。再往下，事情就变得棘手起来。

通常来说，发现新元素的人有权为其命名，或者至少提出一个希望被广泛接受的名字。但是新的超镄元素每次只产生几个原子，这些原子又迅速衰变成其他元素，证明它们的存在非常困难。而且，由于双方都高度不信任，任何一方宣布的新发现都会遭到另一方的严重怀疑。每个人都固执己见，以至于有一段时间，元素周期表有两个版本。俄国的表中有 102 号到 105 号元素的俄语名称；美国人也有自己的版本，这些元素有他们建议

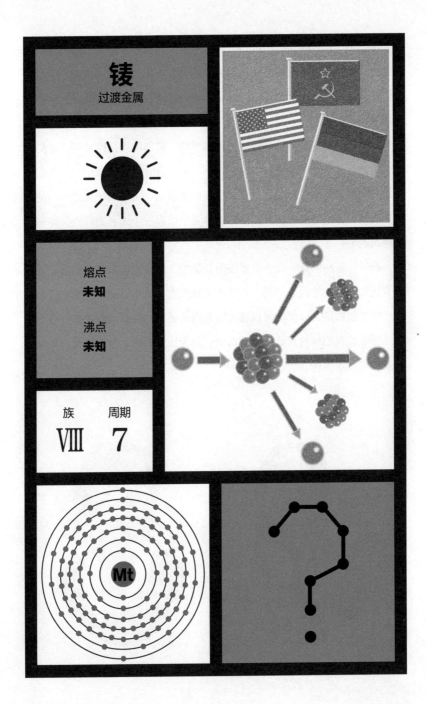

䥑
过渡金属

熔点
未知

沸点
未知

族 | 周期
VIII | 7

Mt

的名字。一个叫铹（lawrencium）的名字出现在两张表格上，但代表不同的元素。接下来，越来越多的元素被制造出来。德国也加入了这场论战，他们宣布发现了 107 号到 109 号元素，并提出了自己的命名建议。这真是混乱而尴尬的局面。

一个新成立的独立委员会试图调解矛盾，破解困局。1994 年，他们提议了 102 号到 109 号元素的名称。几十年来，各方首次达成一致：他们都不喜欢委员会的提议。于是又成立了新的委员会，又提出了更进一步的建议。然而，在这场丑陋又有点滑稽的争论中，有一个人名始终被保留在元素周期表里。

莉丝·迈特纳是一位才华横溢的科学家，她被迫逃离纳粹德国，因为她是犹太人。她的同事奥托·哈恩不是犹太人，也不是纳粹。他把母亲的钻戒给了迈特纳，以便她可以通过贿赂逃离德国，并继续与她进行异地合作。当哈恩在柏林的实验产生的结果让他无法解释时，他写信给身处瑞典的迈特纳寻求建议。

哈恩一直试图向铀原子发射亚原子粒子来制造新元素，但大多数粒子会偏离它们的微小目标。有些可能会从铀原子核上切下几块，但他希望有些会粘上铀核生成更重的元素。尽管他尝试了所有的方法，但他只找到了56号元素钡。哈恩不明白钡从哪里来，也难以解释一个微小的粒子能怎样从铀原子核中撞击出一个钡大小的碎块。因此，他写信给迈特纳："也许你可以给出一些奇妙的解释。"

迈特纳意识到，如果原子核像一滴液体，向它发射一个粒子会使它摇晃和扭曲，在某些情况下会分裂成两个更小的液滴。在一系列的长途电话中，迈特纳建议哈恩进行一个简单的实验来证实这一理论。结果证明，迈特纳是正确的。她不仅正确地解释了哈恩的实验结果，还澄清了其他著名物理学家对于反常结果的误解。这个过程被称为裂变，这是一个里程碑式的发现，它让物理学家看到了原子能的潜力。

1945年，诺贝尔奖被授予了核裂变，但被奥托·哈恩拿走了。尽管获得了48次提名，但迈特纳从未获得过诺贝尔奖。她获得了许多其他荣誉，但最重要的可能是在1997年。那年，102号到109号元素的名称最终达成一致，它们此刻写在世界上每一张现代的元素周期表中。109号元素是䥑（meitnerium，以迈特纳命名），在这么多年的争论中，它是唯一一个没有争议的名字。这标志着超䥑元素之争的结束，也是对莉丝·迈特纳的致敬。

鿫
超级重量

很多元素都有点不同寻常。与它们的兄弟相比，它们可能会有一些怪癖或者说有时候有点行为异常，但我们通常只是接受它们的怪癖，因为我们太熟悉它们的共性了。你离日常越远，事情就变得越奇怪。元素周期表中末端的元素当然是奇怪的，但它们的异常行为可能只是关于你面对怪异前的一份温和的自我介绍。

至少目前，元素周期表上最远端的是 118 号元素鿫（奥气）。它以尤里·奥格涅斯扬的名字命名，他在发现重于 103 号元素的所谓超重元素上发挥了重要作用。奥格涅斯扬就像在壁炉台上摆好姿势的爱丽丝（Alice），准备穿过镜子。

元素周期表中铀元素以后的区域被比作一张地图，岛屿代表稳定的元素，周围是不稳定的海洋。这些岛屿有些很大，有些比沙洲大不了多少，在波涛中偶露真容。元素猎人就像冒险家一样，希望冲上这些海岸来捕猎奇异的物种。

在很长一段时间里，元素猎人们能够很好地预测到他们在探索中可能发现的东西。元素周期表的排列说明了元素之间的趋势和共性，这一切的实质在于原子里的电子。原子的电子排列成壳层和亚壳层，这些壳层和亚

壳层的形状和组织有严格的规则，这些规则决定了一个原子遇到另一个原子时的行为。最外层具有相同电子模式的元素将表现出类似的行为。例如，锡和铅有很多相似之处，因为这两种元素具有相似的最外层电子排列方式。

当114号元素鈇（flerovium）被发现时，很明显它应该放在113号元素旁边，铅的下面。这意味着它的行为应该有点像铅，但鈇——以著名元素猎人乔治·费廖洛夫命名——似乎不按规则行事，问题还是出在电子上。这些超重元素拥有如此多的电子，以至于它们的壳层已经膨胀到非常巨大，才能够容纳大量电子，这导致了各种各样的问题。它们没有把自己限制在井然有序的结构中，而是像一群不守规矩的暴民一样四处乱窜[1]。

如果氮（奥气）如同元素周期表里的其他成员一样遵守规则，它将是一种不活泼的气体。许多科学家期望它既是固体又有反应性，但是，当只有极其少量的氮（奥气）原子产生，并且它们在零点几秒内就发生衰变时，对其化学行为的预测或许只能做到这个程度，至少目前是这样。

当一些科学家试图梳理出鈇和氮（奥气），以及介于两者之间的元素的化学秘密时，寻找更多元素的竞赛并没有停止。下一个目标是119号和120号元素，它们有望在不久的将来被追踪到。科学家们将把它们放在元

---

1 超重元素的核电荷数非常大，导致内层电子必须以亚光速运转，进而影响最外层电子的行为，这叫作"相对论"效应。

素周期表里的哪个位置呢？这有点难以预测。

　　氪可能会在周期性的沙漠上标记出一条线，就好像爱丽丝在兔子洞的入口举棋不定。118 号元素之外，一切皆有可能。119 号和 120 号元素会出现在最左边的第一族和第二族下面的位置吗？或者，主表下面的两行元素会涌现出第三行吗？也许这些新元素太奇怪了，需要与其他"传统"元素分开。说不定在未来几年，整个周期表的家谱需要重新绘制，这没有人知道。

　　第 120 号元素不太可能是这次冒险的终点，预计还会有更多的稳定岛有待探索。一些科学家认为，周期性的元素家族可以扩展到第 172 个成员，它们可能包括像刘易斯·卡罗尔[1]笔下的班德斯纳奇、吉布鸟或贾巴沃克一样奇怪的元素。就像卡罗尔笔下的十名船员，他们出发去寻找一种怪蛇一样，它可能有羽毛和尖牙，或者有胡须和利爪，元素猎人们也不太确定自己在寻找什么。可以肯定的是，这些元素就像蛇一样，不会以平常的方式被捕捉到。

---

1 《爱丽丝漫游仙境》的作者，贾巴沃克就是这部作品里的怪物，班德斯纳奇也在其中出现过。另外他还创作过诗歌《猎鲨记》《贾巴沃克》等，其中也有班德斯纳奇和吉布鸟这些怪异的生物。

元素发现时间表

史前	6 碳		1791 年	22 钛
史前	16 硫		1794 年	39 钇
史前	29 铜		1797 年	4 铍
古代	82 铅		1798 年	24 铬
约公元前 3000 年	47 银		1801 年	23 钒
约公元前 3000 年	79 金		1801 年	41 铌
约公元前 2500 年	26 铁		1802 年	73 钽
约公元前 2100 年	50 锡		1803 年	45 铑
约公元前 1600 年	51 锑		1803 年	46 钯
约公元前 1500 年	80 汞		1803 年	58 铈
公元前 20 年前	30 锌		1803 年	76 锇
1250 年	33 砷		1803 年	77 铱
约 1500 年	83 铋		1807 年	11 钠
1669 年	15 磷		1807 年	19 钾
1700 年前	78 铂		1808 年	5 硼
1735 年	27 钴		1808 年	20 钙
1751 年	28 镍		1808 年	56 钡
1755 年	12 镁		1811 年	53 碘
1766 年	1 氢		1817 年	3 锂
1772 年	7 氮		1817 年	34 硒
1774 年	8 氧		1817 年	48 镉
1774 年	17 氯		1824 年	14 硅
1774 年	25 锰		1825 年	13 铝
1781 年	42 钼		1826 年	35 溴
1783 年	52 碲		1829 年	90 钍
1783 年	74 钨		1839 年	57 镧
1789 年	40 锆		1843 年	65 铽
1789 年	92 铀		1843 年	68 铒
1790 年	38 锶		1844 年	44 钌

1860 年	55 铯	1940 年	85 砹
1861 年	37 铷	1940 年	93 镎
1861 年	81 铊	1940 年	94 钚
1863 年	49 铟	1944 年	95 镅
1875 年	31 镓	1944 年	96 锔
1878 年	67 钬	1945 年	61 钷
1878 年	70 镱	1949 年	97 锫
1879 年	21 钪	1950 年	98 锎
1879 年	62 钐	1952 年	99 锿
1879 年	69 铥	1953 年	100 镄
1880 年	64 钆	1955 年	101 钔
1885 年	59 镨	1963 年	102 锘
1885 年	60 钕	1964 年	104 铲
1886 年	9 氟	1965 年	103 铹
1886 年	32 锗	1968—1970 年	105 𬭊
1886 年	66 镝	1974 年	106 𬭳
1894 年	18 氩	1981 年	107 𬭛
1895 年	2 氦	1982 年	109 䥑
1898 年	10 氖	1984 年	108 𬭶
1898 年	36 氪	1994 年	110 𫟼
1898 年	54 氙	1994 年	111 𬬭
1898 年	84 钋	1996 年	112 鿔
1898 年	88 镭	1999 年	114 铁
1899 年	89 锕	2000 年	116 𫟷
1900 年	86 氡	2004 年	113 钦
1901 年	63 铕	2006 年	118 鿫
1907 年	71 镥	2010 年	115 镆
1913 年	91 镤	2010 年	117 鿬
1923 年	72 铪		
1925 年	75 铼		
1937 年	43 锝		
1939 年	87 钫		

参考文献

1. Aldersey-Williams, H. 2012. *Periodic Tales: The Curious Lives of the Elements*. Penguin Books, London.

2. Bryson, B. 2004. *A Short History of Nearly Everything*. Transworld Publishing, London.

3. Burnett III, Z. 2020. LSD Perfume and Exploding Seashells: The 40-Year History of CIA Plots to Kill Castro. *MEL Magazine*, https://melmagazine. com/en-us/story/cia-plots-kill-fidel-castro

4. Carroll, L. 1876. *The Hunting of the Snark: An Agony in Eight Fits*. Macmillan and Company, London.

5. Chapman, K. 2019. *Superheavy: Making and Breaking the Periodic Table*. Bloomsbury Publishing, London.

6. Chaston, J. C. 1980. The Powder Metallurgy of Platinum: An Historical Account of its Origins and Growth. *Platinum Metals Review*, volume 24, issue 2.

7. Davy, H. 1806. The Bakerian Lecture, on Some Chemical Agencies of Electricity. *Philosophical Transactions*.

8. Emsley, J. 1989. *The Elements*. Clarendon Press, Oxford.

9. Emsley, J. 2001. *Nature's Building Blocks: An A-Z Guide to the Elements*. Oxford University Press, Oxford.

10. Emsley, J. 2001. *The Shocking History of Phosphorus*. Pan Books, London.

11. Everts, S. 2016. Van Gogh's Fading Colours Inspire Scientific Enquiry. *Chemical and Engineering News*, volume 95, issue 10.

12. Freestone, I., Meeks, N., Sax, M., Higgit, C. 2007. The Lycurgus Cup – A Roman Nanotechnology. *Gold Bulletin*, volume 40, issue 4.

13. Golomb, B. A. 1999. *Pyridostigmine Bromide, chapter 10: Bromism*. National Defense Research Institute, RAND.

14. Gusenius, E. M. 1967. Beginnings of Greatness in Swedish Chemistry: Georg Brandt (1696–1768), *Transactions of the Kansas Academy of Science*, 70(4): 413-425.

15. Hager, T. 2008. *The Alchemy of Air: A Jewish Genius, a Doomed Tycoon, and the Scientific Discovery That Fed the World but Fuelled the Rise of Hitler*.

Three Rivers Press, New York.

16. Kauffman, G. B., Mayo, I. 1993. Memory Metal, *ChemMatters*, October, P4.

17. Kean, S. 2011. *The Disappearing Spoon: And Other True Tales from the Periodic Table*. Transworld Publishers, London.

18. Klaassen, C. D. (ed). 2013. *Casarett & Doull's Toxicology: The Basic Science of Poisons*. McGraw-Hill Education, New York, Chicago, San Francisco.

19. Lane, N. 2002. Oxygen: *The Molecule That Made the World*. Oxford University Press, Oxford.

20. Monico, L., Van der Snickt, G., Janssens, K., et. al. 2011. Degradation Process of Lead Chromate in Painting by Vincent van Gogh Studied by Means of Synchrotron X-ray Spectromicroscopy and Related Methods. 1. Artificially Aged Model Samples. *Analytical Chemistry*, volume 83: 1214-1223.

21. Principe, L. M. 2013. *The Secrets of Alchemy*. The University of Chicago Press, Chicago and London.

22. Rayman, M. P. 2000. The Importance of Selenium to Human Health. *The Lancet*, issue 356.

23. Relman, A. S. 1956. The Physiological Behaviour of Rubidium and Caesium in Relation to that of Potassium. *Yale Journal of Biological Medicine*, volume 29, issue 3.

24. Sacks, O. 2001 (2012). *Uncle Tungsten*. Macmillan Publishers Limited, London.

25. Scott, D. 2014. *Around the World in 18 Elements*. Royal Society of Chemistry, Cambridge.

26. St Clair Thomson, Sir. 1925. Antimonyall Cups: Pocula Emetica or Calices Vomitorii. *Proc Roy. Soc. Med.*, volume 19, issue 9.

27. Stone, T. and Darlington, G. 2000. *Pills, Potions and Poisons*. Oxford University Press, Oxford.

28. Twain, M. 1904. *Sold to Satan*.

29. Van Dyke, Y. 2015. *The Care of Lead White in Medieval Manuscripts. Toronto Art Restoration*. https://torontoartrestoration.com/the-care-of-medieval-manuscripts-issues-with-lead-white/

30. 1967. *The First Weighing of Plutonium*. University of Chicago.

激发个人成长

多年以来，千千万万有经验的读者，都会定期查看熊猫君家的最新书目，挑选满足自己成长需求的新书。

读客图书以"激发个人成长"为使命，在以下三个方面为您精选优质图书：

1. 精神成长

熊猫君家精彩绝伦的小说文库和人文类图书，帮助你成为永远充满梦想、勇气和爱的人！

2. 知识结构成长

熊猫君家的历史类、社科类图书，帮助你了解从宇宙诞生、文明演变直至今日世界之形成的方方面面。

3. 工作技能成长

熊猫君家的经管类、家教类图书，指引你更好地工作、更有效率地生活，减少人生中的烦恼。

每一本读客图书都轻松好读，精彩绝伦，充满无穷阅读乐趣！

认准读客熊猫

读客所有图书，在书脊、腰封、封底和前后勒口都有"**读客熊猫**"标志。

两步帮你快速找到读客图书

1. 找读客熊猫

2. 找黑白格子

马上扫二维码，关注"**熊猫君**"

和千万读者一起成长吧！